...CLOPÉDIE A.L. GUYOT

HYGIÈNE
AGRICULTURE
LÉGISLATION
INDUSTRIE
SCIENCES
SPORTS
ARTS
MÉTIERS

Louis LEFRANC

Ingénieur-Chimiste

MANUEL

D'ASTRONOMIE

DE

MÉTÉOROLOGIE

PRÉVISION DU TEMPS

PARIS

40, rue des Petits-Champs

Algérie, Colonies et Étranger : 35 cent.

(Port en plus)

MANUEL

d'Astronomie, de Météorologie et de Prévision du Temps

LOUIS LEFRANC

Ingénieur-Chimiste

Manuel d'Astronomie

DE

Météorologie

ET DE

Prévision du Temps

PARIS

Collection A.-L. GUYOT

20, rue des Petits-Champs, 20

MANUEL D'ASTRONOMIE

LE CIEL

Aperçu du système du Monde

La terre que nous habitons est un globe à peu près sphérique dont le tour ou circonférence est de 40.000 kilomètres et le diamètre de 12.732 kilomètres. Elle tourne sur elle-même en 23 heures 56 minutes et 4 secondes; elle fait sa rotation autour du soleil en 365 jours ¼, c'est-à-dire en une année.

Pendant cette année, sa révolution a lieu suivant une ellipse qu'on appelle *Ecliptique*. Le soleil est placé à l'un des foyers de la courbe.

La Terre fait partie d'un *système* dont le soleil occupe à peu près le centre. Le *sys-*

tème solaire comprend un ensemble de corps qui tournent aussi autour de son axe.

Les corps célestes ont beaucoup d'analogies avec la Terre. On les appelle les *Planètes*. Ce sont en prenant le soleil comme point de départ :

Mercure, Vénus, la Terre, Mars, Junon, Cérès, Pallas, Vesta, Jupiter, Saturne et Uranus.

Ces Planètes sont souvent accompagnées d'autes corps plus petits qui tournent autour d'eux, ce sont les *Satellites*.

La Terre a pour satellite la *Lune* qui tourne autour d'elle et sur elle-même. Jupiter a quatre satellites ou Lunes; Saturne en a sept et de plus il est entouré d'un anneau; Uranus a six Lunes.

Tout autour du Soleil se meuvent dans l'immensité des *Comètes* en nombre inconnu. Elles diffèrent des Planètes d'abord par leur constitution qu'on n'a pu déterminer et ensuite par ce fait qu'elles parcourent l'espace dans tous les sens suivant de courbes ou *Orbites* très allongées.

Notre système solaire comprend aussi par millions de millions des *Astéroïdes,* dont la nature et les mouvements sont encore ignorés.

Enfin, les *Etoiles* peuplent l'Infini, séparées de nous par des distances incommensurables puisque pour certaines, la lumière qui fait 300.000 kilomètres par seconde met neuf ans à nous parvenir; ce sont les plus rapprochées. On peut avancer qu'il y en a dont la lumière ne nous est parvenue qu'au bout de 50, 100 et même dix siècles.

Pour figurer d'une façon assez précise les diverses proportions du monde céleste qui nous environne, nous imaginerons une surface bien unie au centre de laquelle nous placerons une sphère de 60 centimètres de diamètre, elle représentera le soleil. Mercure sous la forme d'un grain de millet sera placé à une distance de 24 mètres du centre de la sphère. Vénus sous la grosseur d'un pois sera placé aussi sur une circonférence à 44 mètres du même point. La Terre sera un noyau de cerise placé à 61 mètres; Mars, pas plus gros qu'une tête d'épingle, sera à 93 mètres; Junon, Cérès, Pallas, et Vesta, sous forme de grains de sable, seront à des distances de 145 à 169 mètres; Jupiter sur une orbite de 317 mètres de rayon présentera une orange; Saturne à 582 mètres, une orange mandarine; Uranus à 1.170 mètres aura les proportions d'une mirabelle par exemple ou d'une petite prune.

LE SOLEIL

Le Soleil est un globe lumineux dont le diamètre est 110 fois et le volume 1.300.000 fois celui de la terre. Il tourne sur lui-même de l'Ouest à l'Est en environ 25 jours.

On observe à la surface des taches obscures entourées d'une bordure moins sombre qu'on appelle *Pénombre,* nous en donnons ici l'aspect : (Fig. 1.)

Ces taches ne durent que momentanément et varient d'heure en heure souvent, et de jour en jour, se déplaçant même **ou** disparaissant pour reparaître.

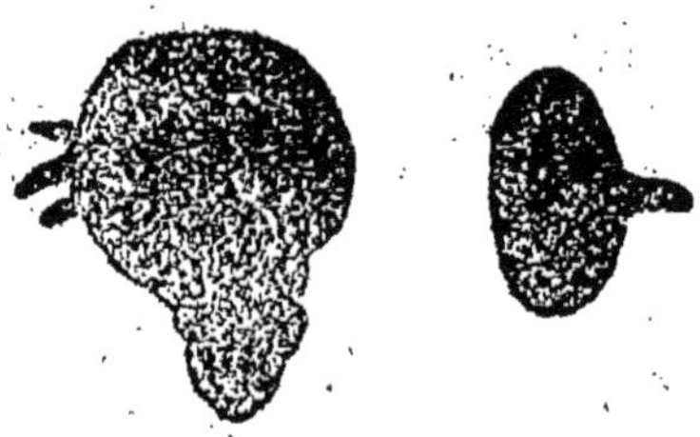

Fig. 1. — Taches du soleil

D'après les théories nouvelles, elles seraient produites par de formidables cratères lançant des jets de flammes dont la longueur atteint parfois 5 et 600.000 kilomètres. A la suite de cette fantastique éruption, il se produirait localement une sorte de refroidissement superficiel et momentané qui disparaîtrait vite au fur et à mesu-

re du réchauffement de la masse. Les cônes d'éruption sont appelés *Protubérances*. On a remarqué que tous les 11 ans
elles apparaissent avec une plus grande
intensité. Les matières qui contribuent à
l'incandescence du soleil sont principalement l'hydrogène et l'oxygène accompagnés par la votilisation de masses métalliques dont la transformation en oxyde, provoque une sorte de refroidissement qui a
pour effet de diminuer l'éclat de certaines
zônes dont l'une est la *chromosphère* et
l'autre dont la puissance lumineuse est insoutenable à l'œil la *photosphère*. Les *Facules* sont les parties les plus lumineuses;
les *Pores* sont les points obscurs.

Suivant divers auteurs, la chaleur du
soleil serait d'environ 6.000 degrés centigrades. D'après les beaux travaux de M.
Faye, sa masse totale se refroidirait d'a
peu près 1/10 de degré par année; mais si
l'on considère l'immensité de cette masse,
ce refroidissement presqu'inappréciable

promet encore à l'astre créateur une vie de quelques centaines de millions d'années.

Soumis au spectroscope, c'est-à-dire à l'analyse spectrale, les vapeurs métalliques volatilisées au sein de la masse solaire indiquent par les *raies de Fraünhofer* la présence de nombreux métaux parmi lesquels on a reconnu : le calcium, le barium, le strontium, le fer, le titane, le nickel, le chrôme, le cuivre, le silicium, l'aluminium, etc... Comme ces métaux semblent être classés suivant l'ordre de leur densité, il est logique de penser que les métaux lourds et précieux tels que l'or et le platine existent aussi en abondance dans le soleil à la partie inférieure des éléments en fusion.

MERCURE

Il est très difficile d'observer cette planète à cause de son faible volume et de sa proximité du soleil.

Son diamètre est le tiers, sa surface le dixième et son volume la vingt-cinquième partie du diamètre, de la surface et du volume de la terre.

Sa gravitation aurait beaucoup d'analogies avec celles de la lune. Mercure a une atmosphère; on y remarque des montagnes dont les altitudes dépasseraient de plus du double la hauteur des plus hauts sommets terriens.

La révolution de Mercure sur lui-même aurait lieu en 24 heures, comme nous. Il passe entre la terre et le soleil à des époques qu'on peut prévoir et qui varient de 8 à 12 années.

VÉNUS

La surface de Vénus est les 9/10 et son volume les 8/10 de celle et de celui de la terre.

L'éclat des parties de cette planète éclairée par le soleil est tel qu'il est très difficile de l'observer. Il faut modifier le télescope pour en atténuer les vives scintillations.

Elle est soumise à des phases qui lui donnent, comme à la Lune, les formes d'un croissant et d'un disque complet.

Elle posséderait des montagnes dont la hauteur dépasserait de 6 à 10 fois celles du Phavalagéri ou de Gaorisankar.

Sa rotation a une durée de 23 heures 21 minutes. Comme Mercure, elle s'interpose par périodes très espacées entre le soleil et notre globe. Ses derniers passages ont eu lieu en 1874 et 1882. On ne pourra l'observer maintenant qu'en 2004, en 2012 et en 2017.

MARS

Les deux planètes qui précèdent sont dites *inférieures* parce qu'elles sont entre la Terre et le Soleil, Mars qui vient après

nous est appelé en conséquence planète
supérieure.

Le diamètre de Mars est les 6/10, sa superficie le 1/3 et son volume la moitié de
ceux et de celle de notre Globe.

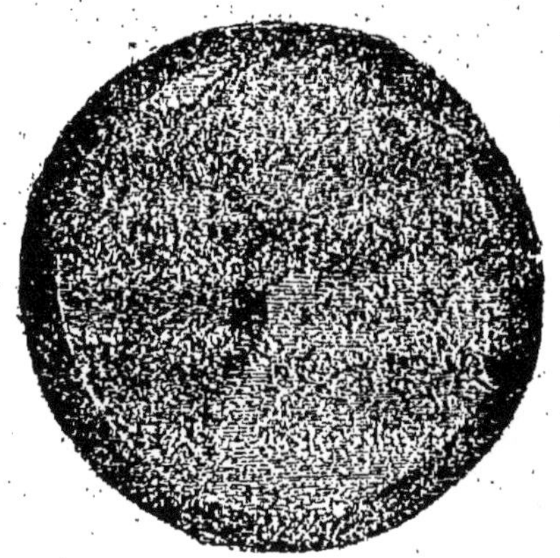

Fig. 2. — Mars vu au télescope

On distingue très nettement les conti-
nents et les mers de l'astre. Celui-ci tourne sur lui-même en 24 heures 39 minutes
et 21 secondes. (Fig. 2.)

La figure 2 suivante montre à la partie
supérieure, au pôle une tache blanche qui

est une zône glaciaire; le pôle opposé qui est en contact avec les rayons solaires ne présente pas cet aspect. On en conclut que le climat de Mars doit être chaud ou tem-

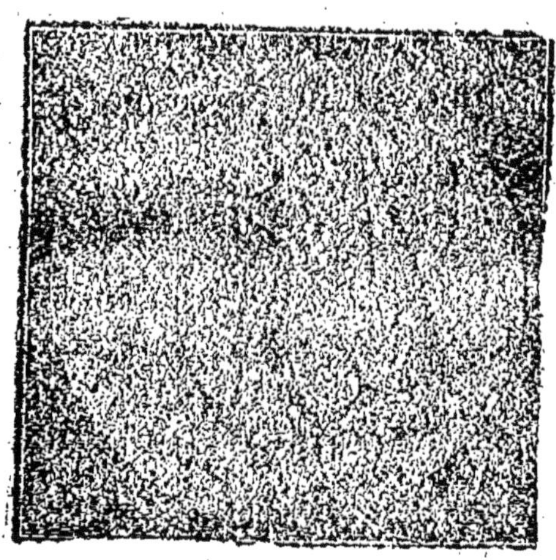

Fig. 3. — Mars observé à Bourges le 3 juin 1905 et montrant un grand nombre de canaux

péré, dans les parties tournées vers le soleil et très froid à l'opposé. Cette particularité a fait supposer que Mars pouvait être habité par des êtres qui émigraient aux

732

2

changements de saisons. D'un autre côté, l'apparence de bandes régulières a fait croire à la création de gigantesques canaux pour servir à ces émigrations.

M. Lowel, astronome américain, semble en affirmer l'existence et par conséquent envisager l'idée de la présence d'êtres vivants dans Mars. (Fig. 3.)

Cette opinion préoccupe sans nul doute bon nombre d'esprits puisqu'il y a un prix de 100.000 francs déposé à l'Académie des Sciences pour le premier Terrien qui correspondra avec un Martien.

CÉRÈS, PALLAS, JUNON, VESTA

La découverte de ces planètes est récente, en somme, Piazzi a découvert Cérès à Palerme en 1801, Olbers à Brème, a découvert Pallas, en 1802.

En 1804, Harding découvrait Junon et Olbers Vesta.

Elles sont difficiles à observer à cause de leurs dimensions minimes; ainsi Vesta aurait un diamètre de 437 kilomètres; Junon de 2.593 kilomètres; Cérès 2.282 kilomètres et Pallas 3.348 kilomètres.

Vesta est donc 25.000 fois plus petite que la Terre et 540 fois que la Lune.

Lorsque Cérès et Pallas sont visibles, elles possèdent un éclat comparable à celui d'une étoile; mais, la plupart du temps elles sont enveloppées d'une atmosphère, dont l'épaisseur serait de près de 1.000 kilomètres.

JUPITER

Le diamètre de Jupiter est de 148.000 kilomètres, c'est-à-dire 11 fois plus grand que celui de la Terre dont la superficie est 121 fois et le volume 1.333 fois plus petits; mais celui-ci est 905 fois moindre que celui du soleil.

Jupiter tourne sur-lui-même seulement en 9 heures 55 minutes 8 secondes. Son disque est transversalement coupé par des bandes qui varient de dimensions ; mais jamais de direction.

Quelquefois ces bandes semblent se disperser à des vitesses de 100 à 150 mètres à la seconde.

On en a conclu que l'astre avait une atmosphère gazeuse ; à moins que sa faible densité, 1,36 ne la fasse considérer comme n'étant pas encore complètement solidifié.

SATURNE

L'aspect de Saturne est véritablement saisissant par la netteté qui permet de distinguer son globe central tournant dans un immense anneau.

Son diamètre est de 126.000 kilomètres, c'est-à-dire 10 fois celui de la Terre, qu'il dépasse 95 fois et 928 fois pour la superficie et le volume.

Le diamètre de l'anneau est de 142.000 kilomètres sur une épaisseur de 163 kilomètres. (Fig. 4.)

Saturne tourne sur lui-même en 10 heures 16 minutes; l'anneau le suit dans sa

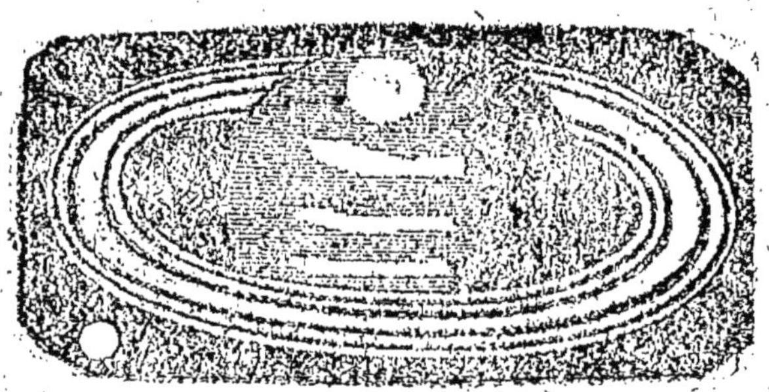

Fig. 4. — Saturne et son anneau

révolution. Tous les 15 ans, celui-ci se plaçant verticalement en quelque sorte par rapport au plan terrestre devient très difficile à observer.

La densité de Saturne étant de 0,73, il serait moins solidifié encore que Jupiter.

URANUS

Uranus se présente sous l'aspect d'un petit disque rond qui doit tourner rapidement sur lui-même, si l'on en juge par l'aplatissement de ses pôles. Néanmoins, elle est plus grande que la Terre, son diamètre étant de 52.230 kilomètres.

C'est aussi un astre à densité faible

LA LUNE

On a vu que la Lune était notre satellite. Nous en sommes séparés par 381.000 kilomètres.

Le diamètre, la superficie et le volume de la Lune sont par rapport à la Terre comme 1 est à 3,69 ; 13,60 et 50,15.

La Lune tourne sur elle-même de l'Ouest à l'Est ; sa période de rotation est égale à celle de sa révolution autour de nous, c'est-à-dire de 27 jours 7 heures 43 minutes. Ses phases sont connues, on les décrira plus loin.

A sa surface, on distingue des aspérités qui sont des montagnes dont la hauteur projette des cônes d'ombre qui ont permis

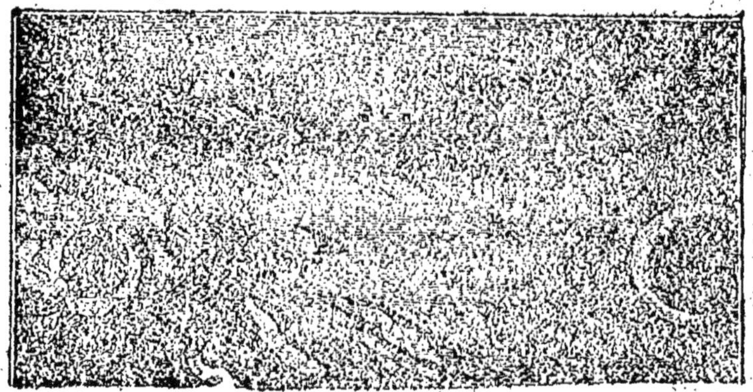

Fig. 5. — Cratères de la Lune

de calculer leurs élévations. La plus haute montagne appelée Leibnitz aurait une altitude de 8.000 mètres.

Presque toute la surface est couverte par ces aspérités qui ont toutes les apparences d'une production volcanique.

On y remarque des cratères qui, comme celui de Bernonilli aurait une profondeur de 6.000 mètres.

Il n'y a pas d'atmosphère autour de notre satellite, on n'y voit ni nuages, ni mers, ni surfaces liquides quelconques. Elle semble un monde éteint sur lequel règne la solitude et la mort.

Les principaux cratères ont l'aspect que présente la fig. 5. Celui qu'on aperçoit distinctement est le cratère de Manilius. (Fig. 5.)

SATELLITES DES AUTRES PLANÈTES

Les 4 satellites de Jupiter sont très peu connus. On a pu cependant déterminer que leurs diamètres par leur classement dans leurs distances avec l'astre central sont de 1/34, 1/42, 1/24, 1/34 du diamètre de ce dernier.

Les 7 satellites de Saturne et les 6 d'Ura-

nus sont très peu connus aussi. On sait
seulement qu'ils ont une marche rétro-
grade, c'est-à-dire qu'au lieu d'aller de
l'Ouest à l'Est, ils vont de l'Est à l'Ouest.

COMÈTES

Ces astres, auxquels les peuples ont de
tous temps attaché une importance exagé-
rée à coup sûr, ne sont pas encore aujour-
d'hui bien connus.

Ils se composent d'une *Tête* qui porte à
son centre un *Noyau* et d'une queue lumineuse dont l'étendue est vraiment magnifique quand l'astre est bien visible. (Fig. 6.)

On connaît les comètes depuis les temps
les plus reculés. 371 ans avant J.-C., Aris-
tote en cite une qui fut célèbre. Depuis les
plus remarquées sont celles de l'an 1000,
de 1618, de 1681, de 1811, de 1868, de 1881.
On en connaît un millier et on en a observé au moins 700.

La constitution physique et chimique des comètes commence à être pénétré. Elles se composent de formidables masses gazeuses qui entraînent avec elles des pous-

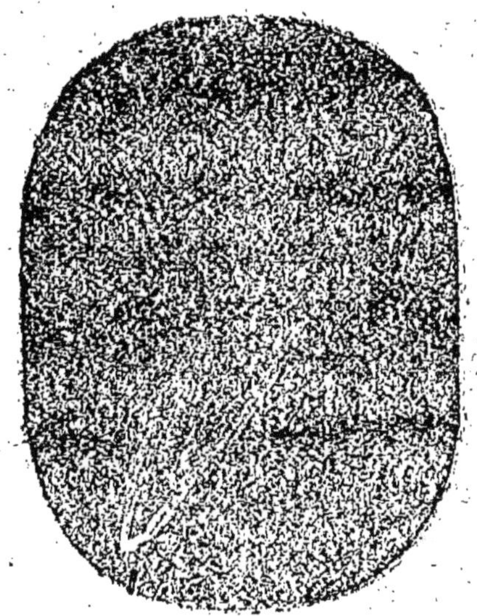

Fig. 6. — Comète de 1819

sières stellaires ou cosmiques. Le spectroscope a démontré qu'elles contenaient de l'hydrogène, de l'oxygène, de l'azote et les composés qui résultent des combinaisons de ces différents corps.

Leurs mouvements irréguliers en apparence s'effectuent suivant des courbes de formes elliptiques hyperboliques ou paraboliques très allongées.

Quelques-unes portent les noms des astronomes qui les ont découvertes et annoncées dans leurs retours périodiques. La Comète de Halley annoncée par lui en 1682 avait paru bien avant 1305, elle revint en 1456, en 1531, en 1607, pour réapparaître sur les indications du célèbre astronome en 1759, en 1835, etc.

La Comète d'Encke qui est remarquable par sa rapide révolution, laquelle s'opère en 3 ans et demi. La comète de Biela, qui est presque sans queue.

Enfin, on peut considérer que les comètes sont les corps les plus volumineux de notre système. Etant composés d'une matière en quelque sorte impondérable, ils occupent, lorsqu'ils approchent du soleil, des étendues presqu'incommensurables; Nerston a calculé que la comète de Halley avait, lorsqu'elle atteignit ce point de rapprochement, une longueur de queue de plus de 100 millions de kilomètres.

CONSTELLATIONS

On désigne sous le nom de constellations les étoiles les plus apparentes et les plus remarquables autour desquelles se groupent des étoiles plus petites qu'on désigne chacune par une lettre grecque; ainsi on dit alpha du Lion, bêta du Scorpion, gamma de la Grande-Ourse, etc.

Ces désignations permettent de trouver dans le ciel une constellation. Ainsi, pour déterminer l'étoile Polaire qui indique le pôle Nord, il suffit de prolonger les gardes de la Grande-Ourse alpha et gamma par une ligne droite qui a 4 fois ½ la longueur de la ligne qui les sépare.

LES ÉTOILES

On a classé les étoiles suivant leur éclat lumineux. Les plus brillantes sont dites de 1re grandeur; puis viennent celles de 2e et 3e grandeur et enfin les étoiles visibles à l'œil nu. Il y a 14 étoiles de 1re grandeur; 70 de 2e et 300 de 3e grandeur. Il y a 5.000 étoiles jusqu'à la 6e grandeur; de celle-ci à la 10e, on compte 70.000 étoiles.

Pour découvrir les autres, il faut de puissants télescopes.

LUMIÈRE DES ÉTOILES

L'éclat lumineux des étoiles varie avec le temps et leurs périodes d'évolution. L'étoile alpha de l'Hydre était du temps des Grecs de 1re grandeur, elle est de 2e aujourd'hui; de même que Castor des Gémeaux.

Algol ou bêta de Persée est pendant 2 jours et 14 heures de 2º grandeur, puis il tombe à la 4º pour reprendre son éclat 3 jours ½ après. C'est ainsi qu'on peut expliquer l'apparition et la disparition de certaines étoiles.

RÉPARTITION DES ÉTOILES

L'œil permet de voir une masse d'étoiles qu'il serait impossible de compter sur le champ immense qu'il embrasse dans la voûte céleste; mais il ne dépasse pas la *voie lactée* qui ne lui apparaît dans son ensemble que comme une masse confuse; et pourtant, c'est dans cet espace que gravitent des millions d'étoiles. Le grand astronome Herschel a compté, il y a un siècle et demi, sur son réflecteur à grand foyer, en l'espace de 40 minutes, près de 300.000 étoiles. Quel chiffre, en vérité, aurait-il atteint rien qu'en 12 heures ?

NÉBULEUSES

On distingue sur divers points de la voûte céleste des taches lumineuses qui ont beaucoup d'analogie avec la voie Lactée, ce sont les *Nébuleuses.* Elles sont formées par une masse de petites étoiles rassemblées en agrégat; à la distance où nous les voyons, on pourrait les comparer à une poussière d'astre. Elles sont dites : *planétaires* quand elles sont dans le voisinage d'une planète, ou *stellaires* dans celui d'une étoile; sinon on les dénomme *Etoiles nébuleuses.* Les plus remarquables sont celles d'Orion; celle qui est située entre Etâ et Dzèta d'Hercule; celle de nu d'Andromède, etc... En 1784, Meissier en comptait 103. Aujourd'hui, leur nombre n'est pas connu parce qu'on en découvre tous les jours. (Voir pages suivantes figures 7, 8, 9, 10, 11, 12 et 13.)

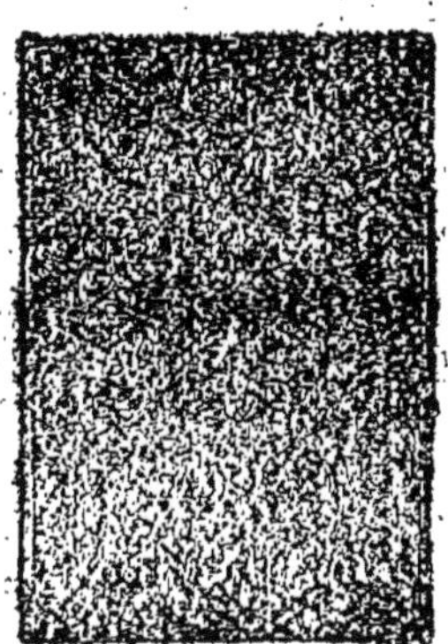

Fig. 7. — Nébuleuse du Taureau, ayant la forme
d'un panache

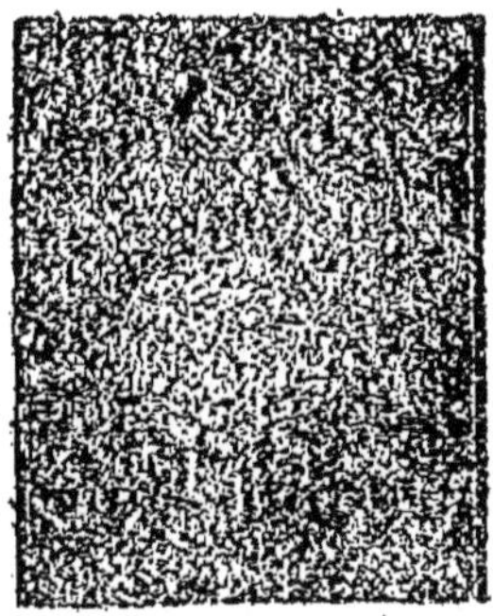

Fig. 8. — Amas d'Hercule, un des plus beaux
et des plus clairs amas d'étoiles

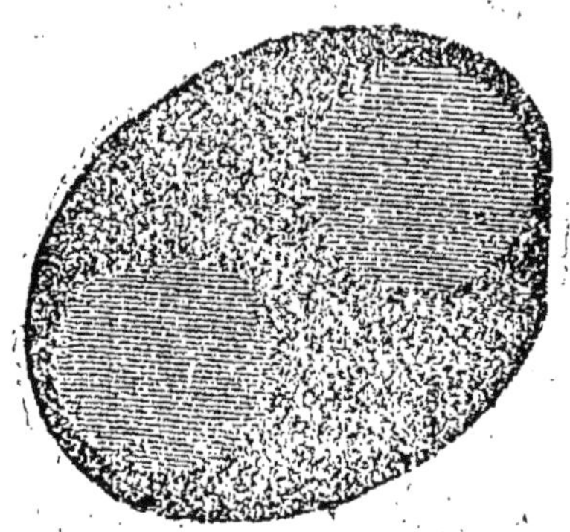

Fig. 9. — Nébuleuse de Messier

Fig. 10. — Nébuleuse spirale du triangle, semblable
à un nuage faiblement éclairé

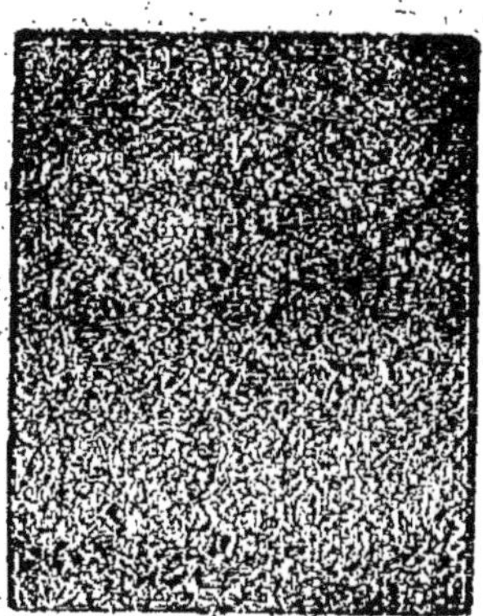

Fig. 11. — Amas stellaire dont le nombre d'étoiles
est encore inconnu

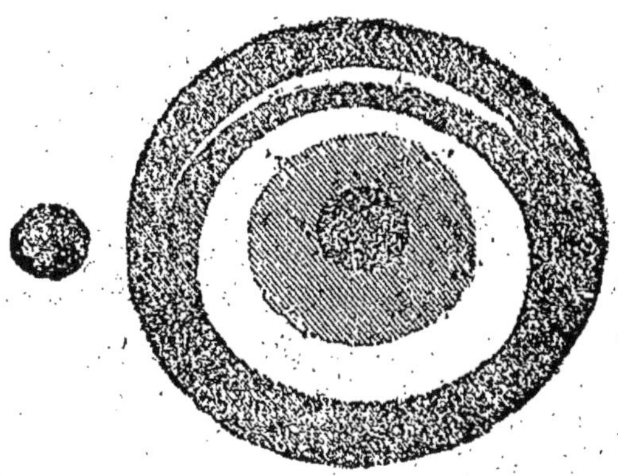

Fig. 12. — Nébuleuse de Messier

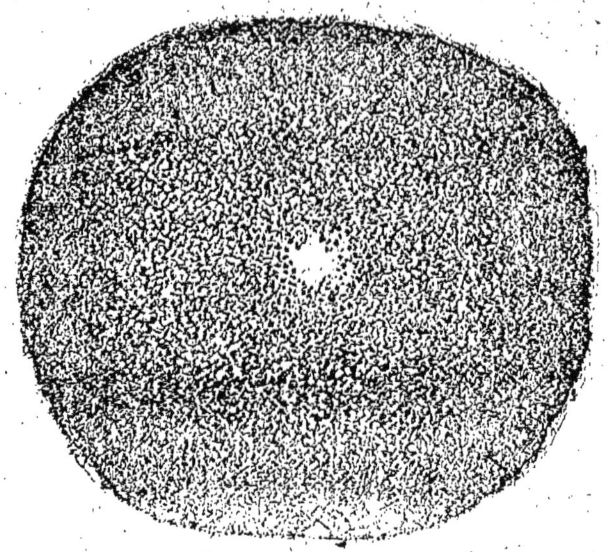

Fig. 13. — Nébuleuse de Messier

ÉTOILES DOUBLES ET MULTIPLES

Sous les angles et dans les conditions où nous voyons les étoiles, beaucoup d'entre elles très rapprochées et de dimensions différentes se résolvent en une seule étoile. Il en est qui sont ainsi doubles, triples, quadruples et même on en a constaté jusqu'à 16 qui se présentaient sous un unique aspect.

Dans la Grande-Ourse, Nizar ou bêta est double; dans Orion, ksi Dzéta ou Rigel est triple, alpha de la Lyre ou Véga est quadruple, etc...

La particularité la plus curieuse de ces étoiles est dans le contraste des couleurs que produit leur rayonnement; les unes, par exemple, ont un reflet rouge et orangé, d'autres sont vertes et rouges, etc... Il y a là, bien certainement, des phénomènes d'optique dûs à *l'interférence*. (Fig. 14, 15 et 16.)

Fig. 14. — Mizar, β de la
Grande-Ourse

Fig. 15. — Rigel,
ζ d'Orion

Fig. 16. — Vega, α de la Lyre

ÉTOILES FILANTES

On n'est pas sans avoir vu quelquefois, le soir, le ciel s'illuminer tout à coup par l'apparition d'un globe de feu. Dans ce cas, le phénomène est dû à un *Bolide;* mais quand, le soir aussi, on voit le ciel traversé rapidement par une courte traînée lumineuse, on reconnaît les *Etoiles filantes.*

On les attribue généralement à la même cause que les *aérolithes.* On pense que tous deux proviennent des astéroïdes infiniment petits qui se désagrègent sous l'action aussi bien de l'attraction solaire que de celle de la Terre au moment où les orbites se coupent. En effet, la fréquence des Etoiles filantes concorde avec ces périodes, c'est-à-dire vers le 10 août, le 15 novembre et le début de décembre. Il y a quelquefois de véritables pluies d'étoiles filantes. C'est alors un spectacle aussi impressionnant que grandiose.

LOIS DES MOUVEMENTS DES ASTRES

1° *Lois de Képler.* — Les planètes se meuvent suivant des courbes planes, et les rayons vecteurs menés de leur centre au centre du Soleil décrivent autour de lui des aires proportionnelles au temps.

2° Les orbites décrits par les centres des planètes sont des ellipses dont le soleil occupe l'un des foyers.

3° Les carrés des temps des révolutions des planètes sont dans le rapport des cubes des grands axes de leurs orbites.

Les deux premières lois sont applicables aussi bien aux planètes qu'à leurs satellites, abstraction faite des *perturbations* dont il va être parlé.

La dernière loi n'est que relative parce que les planètes ont dans leur masse un rapport qu'on ne saurait comparer à celle du soleil.

ATTRACTION UNIVERSELLE
PESANTEUR

La loi de Képler qui établit le mouvement elliptique montre que l'intensité de la force qui dirige les planètes vers le soleil varie en raison inverse du carré de leur distance à celui-ci. L'intensité de cette force motrice est donc proportionnelle à la masse de chaque planète suivant les rapports indiqués dans la 3° loi.

Il résulte de là l'admirable loi de Newton qui sert de base aux principes de la gravitation universelle : « Tous les corps s'attirent en raison directe de leur masse et en raison inverse du carré de la distance. »

Cette loi que nous ne pouvons développer ici permet cependant de concevoir ce que doit être inchiffrable l'immensité de l'Univers pour que des corps comme le Soleil, les planètes, la Terre, etc., sous la simple action de l'équilibre des forces, se maintiennent et circulent dans l'espace.

Il est vrai qu'il se produit des perturbations qui sont ou séculaires ou périodiques. Elles ont pour effet la précession des équinoxes; mais faut-il aussi considérer que nous ressentons si peu leurs conséquences que pour rétablir celles-ci qui sont en moyenne de 5/10 de seconde par année, il faut une période de 25.868 ans révolus.

MOUVEMENT ANNUEL

La combinaison du mouvement annuel de la Terre dans son orbite avec son mouvement de rotation d'après l'inclinaison de son axe explique les saisons. (Fig. 17.) Représentons le Soleil par S et par ABCD les 4 positions de la Terre autour de son orbite. On voit, par cette figure, qu'un grand cercle perpendiculaire au rayon

vecteur ST sépare toujours la partie éclairée de celle qui ne l'est pas.

Dans les positions A et C qui correspon-
dent au 21 mars et au 21 septembre soit à
l'équinoxe de printemps et à *l'équinoxe
d'automne,* le Soleil se trouvant à l'inter-

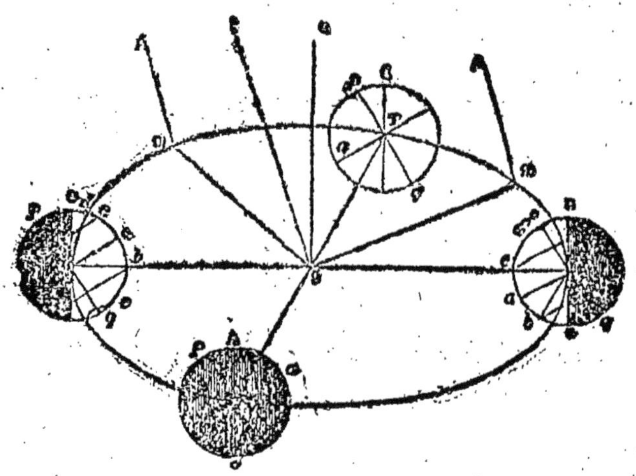

Fig. 17. — Explication des saisons

section de l'équateur Ta et de l'écliptique,
il fait jour à la fois sur les moitiés des hé-
misphères boréal ou Nord et austral ou
Sud et le jour est égal à la nuit sur
toute la Terre.

La Terre passe ensuite en B au *Solstice d'Eté,* le soleil semble décrire le 21 juin un petit cercle qui est distant de l'équateur par ac, ce cercle est le *Tropique du Cancer.* C'est alors que le jour est le plus long, l'hémisphère éclairé étant au maximum suivant le plan B e. Les jours qui ont augmenté de A en B sur l'hémisphère Nord, ont diminué d'autant de B en C. De C en D, le Soleil passe au Sud de l'équateur et décrit au Nord des cercles de plus en plus petits tandis qu'au Sud ils vont en s'agrandissant. En D, le cercle décrit est perpendiculaire à l'axe pq de la Terre et mené par le point b à une distance ab de l'équateur égale à ac et de 23°,28. Ce cercle est le *Tropique du Capricorne* et correspond au *Solstice d'hiver.*

Alors, les jours vont constamment en diminuant pour l'hémisphère Boréal, de C en D depuis le 21 septembre jusqu'au 21 décembre.

De D en A du 21 décembre au 21 mars,

les jours augmentent de nouveau comme ils avaient baissé de C en D.

Les mêmes phénomènes deviennent d'ordre inverse sur l'hémisphère austral; mais à cause de l'excentricité de l'orbite terrestre la distance ST étant plus grande lorsque la Terre est en B que lorsqu'elle est en C, le temps qu'il lui faut pour aller de A en B et de B en C est plus long que pour aller de C en D et de D en A. Aussi, le Printemps et l'Eté réunis ont-ils plus de durée que l'Automne et l'Hiver pour notre hémisphère.

Sur tous les points de l'Equateur, les jours sont constamment égaux aux nuits.

Aux cercles polaires le plus long jour et la plus longue nuit sont de 24 heures.

Aux Pôles, un jour et une nuit de six mois se partagent l'année.

PHASES DE LA LUNE

La rotation de la Lune autour de la Terre et le grand éloignement du Soleil expliquent les *phases de la Lune*. Sur la ligne (fig. 16) O représente la terre et A, B, C, D, E, F, G, H sont diverses positions de la Lune dans son orbite. Les petits globes supérieurs représentent les formes, c'est-à-dire les phases de la Lune.

On peut, en raison de l'éloignement plus grand de la Terre, considérer que les rayons solaires suivent la direction S. L'hémisphère lunaire tourné vers le soleil sera donc éclairé et l'autre obscur. En A lorsque la Lune est en conjonction avec le Soleil, la Lune est *nouvelle* et invisible, 3 jours ½, après la Lune étant en B devient visible. En C *premier quartier*, on voit la moitié de l'hémisphère; en D les trois quarts; en E la Lune est en *opposition ou pleine*. Aux points FGH, elle présente les mêmes apparences qu'aux points D, C, B et elle redevient invisible en A. (Fig. 18.)

Les Lunes de Mercure et de Vénus ont des phases semblables.

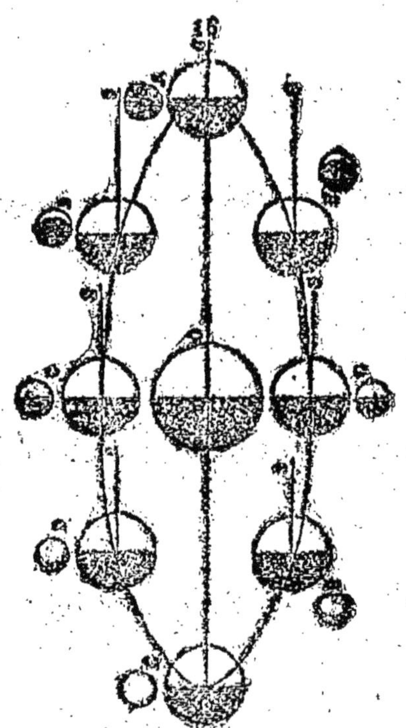

Fig. 18. — Phases de la lune

ECLIPSES

Eclipse de Lune. — Ce phénomène a lieu lorsque le satellite traverse l'ombre que la Terre éclairée par le Soleil projette dans l'espace. L'interception des rayons lumineux rendent dans ces conditions la Lune obscure et invisible.

Eclipse de Soleil. — Lorsque la Lune dans sa révolution interpose sa masse opaque entre le Soleil et la Terre, celle-ci reçoit son ombre pendant que le Soleil complètement masqué disparaît, momentanément.

Les éclipses reviennent le plus souvent dans le même ordre au bout de 223 *Lunaisons* ou de 6.585 jours soit tous les 18 ans et 10 jours.

On sait quelle importance y attachaient les anciens qui considéraient le phénomène comme une manifestation de la présence des Dieux ou comme des présages que chaque peuple interprétait à sa façon.

Aujourd'hui, une éclipse n'est plus qu'un simple phénomène céleste.

ASTRONOMIE PRATIQUE

Les *Pôles* ou extrémités de l'axe terrestre qu'on appelle aussi axe du monde sont nommés l'un le *Pôle Nord,* l'autre le *Pôle Sud* comme nous l'avons dit déjà.

Le *Zénith* est le point du ciel où aboutit la perpendiculaire menée par le centre de la Terre. Le Soleil passe au Zénith deux fois par an à midi. Le *Nadir* est le point opposé au Zénith.

L'*Equateur* est la ligne qui passe par le centre de la terre transversalement à son axe.

Les *Méridiens terrestres* sont des grands cercles passant par l'axe de la Terre. Le méridien d'un lieu est perpendiculaire à l'horizon et passe par le *Zénith.*

INSTRUMENTS D'ASTRONOMIE

Les instruments employés en astronomie sont, parmi les principaux :
Le chronomètre.
La lunette méridienne.
Le cercle azimuthal.
Le sextant.
La lunette astronomique.
Le télescope.

Nous donnons ci-dessous les figures de ces instruments. (Fig. 19, 20, 21, 22.)

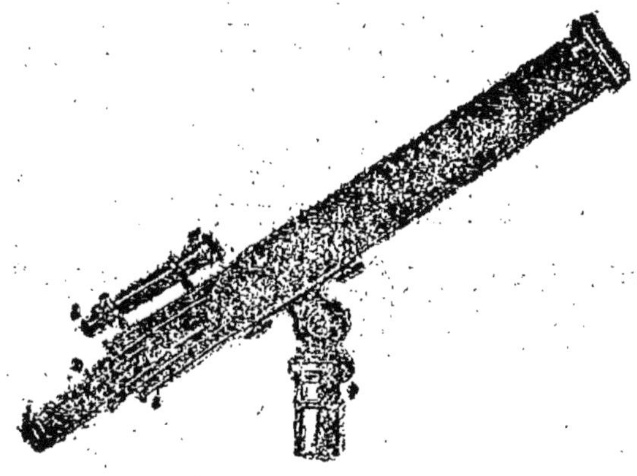

Fig. 19. — Lunette astronomique

Fig. 20. — Lunette astronomique

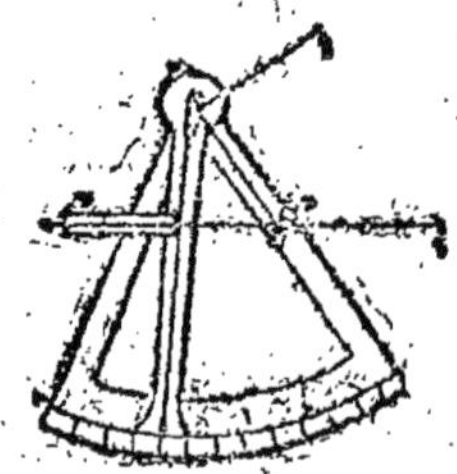

Fig. 21. — Sextant à réflexion

Fig. 22. — Télescope de Foucault

MANUEL DE MÉTÉOROLOGIE

LA MÉTÉOROLOGIE

La météorologie a pour objet l'étude des phénomènes de l'atmosphère dans lequel nous vivons.

Elle en observe toutes les modifications, tous les changements qui s'y produisent, et par leurs coordinations elle en cherche autant l'application que la prévision à nos besoins.

C'est une des sciences les plus anciennes et, si l'on peut dire, aussi des plus nouvelles. Elle date de la plus haute antiquité; elle était alors entourée de mystères et faisait partie le plus souvent des attributions réservées aux sectes religieuses. Aujourd'hui, grâce aux puissants et rapides moyens d'action, elle se précise peu à peu et devient une véritable science expérimentable. Il n'est pas douteux que l'homme arrivera un jour peut-être prochain à prévoir d'avance tous les phénomènes qui appartiennent à l'atmosphère en général.

LES CLIMATS

Le climat est la résultante de diverses actions dues à la chaleur, à la lumière, à l'humidité, aux régimes des vents, etc...

L'atmosphère qui nous enveloppe est le véhicule de ces diverses actions qui sont plus ou moins accentuées selon les situations géographiques.

Si la Terre n'avait pas autour d'elle une enveloppe gazeuse, elle deviendrait rapidement un bloc glacé parce que le vide ou l'Infini qui est au-dessus d'elle ne possède qu'une température négative, si négative que forcément elle dépasse le zéro thermométrique absolu qui est de 273° au-dessous de zéro.

On comprnd, dès lors, que suivant les mouvements de cette atmosphère, il se produise parfois de violentes variations, tels que les orages, les cyclones, les coups de vent, les pluies ainsi que des différences de température souvent trop brusques et très profondes; ce sont elles qu'on désigne aujourd'hui sous le nom de *vagues de froid ou de chaleur.*

Le terme est très juste parce qu'il exprime bien ce qui se passe en faisant voir un *centre de dépressions* qui se propage au loin comme une onde, sinon comme une vague, pour s'arrêter à la limite de sa force d'impulsion.

ATMOSPHÈRE

On vient d'avoir une idée du rôle de l'atmosphère sur notre globe, et l'on a dû comprendre combien il devait être accessible ou réceptif aux influences du dehors telles que celles qui proviennent des astres. On voit là les rapports qui rattachent l'astronomie à la météorologie.

A cet égard aussi, la Chimie intervient par l'étude des gaz que nous respirons. La mécanique, de son côté, nous indique les lois et les forces des grands courants. La physique enfin permet de définir les lois qui régissent les *vapeurs*, les *gaz*, la *chaleur*, l'*électricité*, etc.

L'atmosphère est constitué par l'air, un peu d'acide carbonique, et de la vapeur d'eau.

L'air se compose en poids de 23 % d'oxygène et de 77 % d'azote, soit en volume de 21 % d'oxygène et de 79 % d'azote. Le poids d'un mètre cube d'air est de 1 k. 293, soit environ 1 gr. 3 par litre.

Le poids de l'atmosphère, au niveau de la mer, est égal à celui d'une colonne de mercure d'une hauteur de 0 m. 760 millimètres ou à une colonne d'eau de 10 m. 33 de hauteur.

L'épaisseur de l'atmosphère autour du globe n'est pas exactement connue. Les uns, tenant compte de la raréfaction, l'estiment, comme Kepler, à 72.000 mètres, ou comme Biot, à 40.000 mètres. Il semblerait que ce dernier chiffre est le plus adopté.

Sa couleur, sous l'action des rayons lumineux sur une telle épaisseur est bleue ; mis en dehors de la masse, l'aspect du ciel devient presque noir foncé.

L'atmosphère entraîne avec lui des poussières nombreuses qui sont composées de matières inertes : sable, terre, plâtre, craie, etc., et aussi d'une foule d'organismes inférieurs d'origine végétale et animale. On y rencontre des fructifications cryptogamiques, des pollens, des moississures, ainsi que des *bactéries* et des *microbes*. Les poussières sont plus ou moins abondantes suivant les saisons, ainsi en :

Hiver, on trouve par mètre cube d'air:
633 bactéries.

Printemps, 433 bactéries.

Eté, 825 bactéries.

Automne, 1.083 bactéries.

Ceci est observé à l'observatoire de Montsouris; à Paris, on peut déculper ces chiffres au moins. Sur une moyenne de 4 ans, on relève par mètre cube 3.480 bactéries rue de Rivoli.

INSTRUMENTS de MÉTÉOROLOGIE

Les instruments nécessaires en météorologie sont :

Le baromètre, mesure de la pression.

Le thermomètre, mesure de la température.

L'hygromètre, mesure de l'humidité.

Le pluviomètre, mesure de la quantité d'eau.

L'anémomètre, mesure de la force du vent, etc.

BAROMÈTRE

On a vu que le poids de l'atmosphère faisait équilibre à une colonne de 0 m. 76 de mercure ou à une colonne d'eau de 10 m. 33 de hauteur.

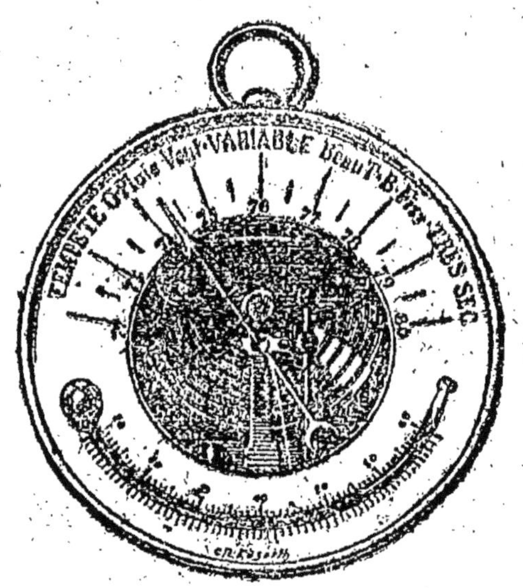

Fig. 23. — Baromètre métallique

Si donc, on fait le vide dans un tube de verre de 1 mètre de longueur environ et qu'on débouche son orifice au sein d'une masse de mercure, celui-ci s'élèvera dans le tube à une hauteur de 0 m. 76 si la pression est normale et moyenne.

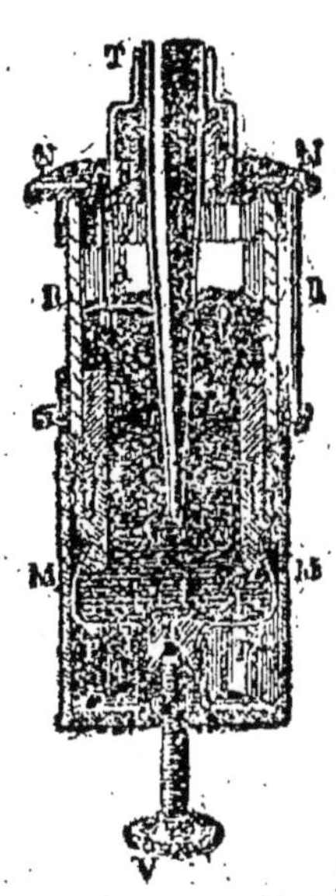

Fig. 24. — Cuvette du baromètre de Fortin

Telle est, en peu de mots, l'expérience due à Torricelli.

Sur ces données, on a imaginé des instruments très précis qu'on appelle *baro-*

mètre. Les uns, comme celui de Fortier, sont à colonne de mercure. Gay-Lussac en a construit un très simple. Les autres, comme celui de Bourdon, sont basés sur les

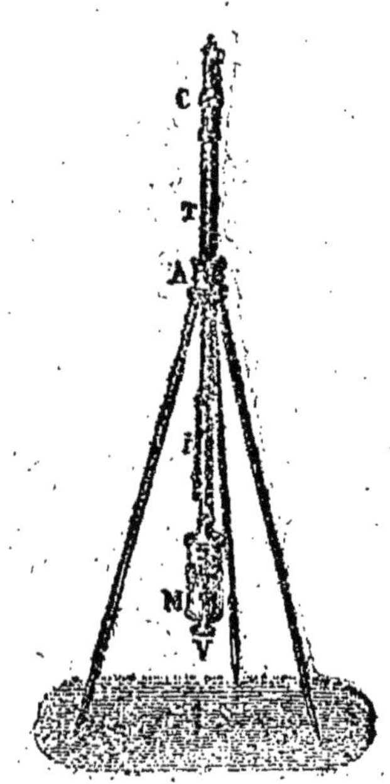

Fig. 25. — Baromètre de **Fortin**

contractions qu'exerce les pressions sur des tubes métalliques très souples dans lesquels on a aussi fait un vide absolu.

Voir pages précédentes ces différents types. (Fig. 23, 24, 25 et 26.)

Les variations du baromètre représentent entre chaque état atmosphérique un écart de 9 millimètres, ainsi :

785 m/m. très sec.
776   »   beau fixe.
967   »   beau temps.
728   »   variable... et ainsi de suite.

Fig. 23. — Baromètre à siphon

HAUTEUR BAROMÉTRIQUE
DIURNE MOYENNE

Dans nos pays, elle est atteinte entre midi et une heure, elle est à son maximum le
matin et à son minimum le soir.

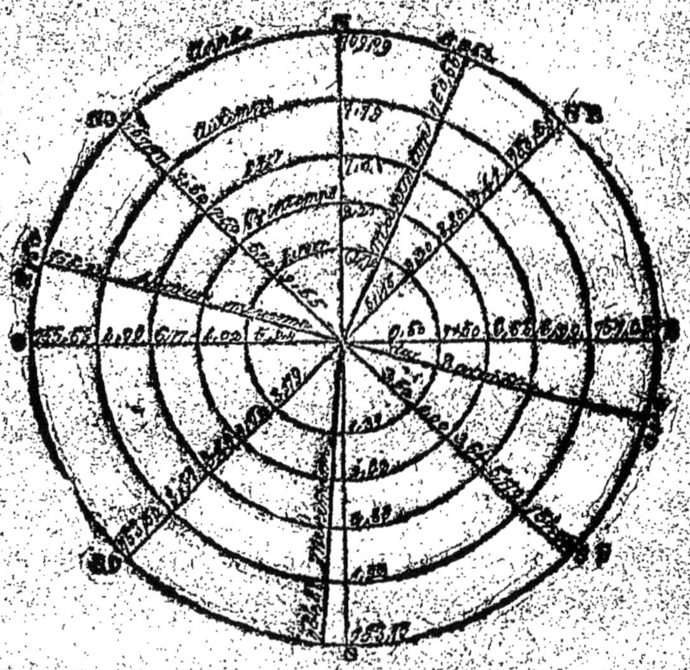

Fig. 27. — Rose des vents barométrique

Les vents ont une action très marquée sur le baromètre. Il est élevé par les vents du Nord ou du Nord-Est. Et il est en bas par les vents d'Ouest et surtout du Sud-Ouest, du *suroué* comme disent les marins.

La plus grande hauteur s'observe en Hiver par les vents du Nord et la plus basse en hiver aussi par ceux du Sud.

Du reste, la Rose des vents barométriques (Fig. 27.) renseignera à ce sujet.

LIGNES ISOBARES

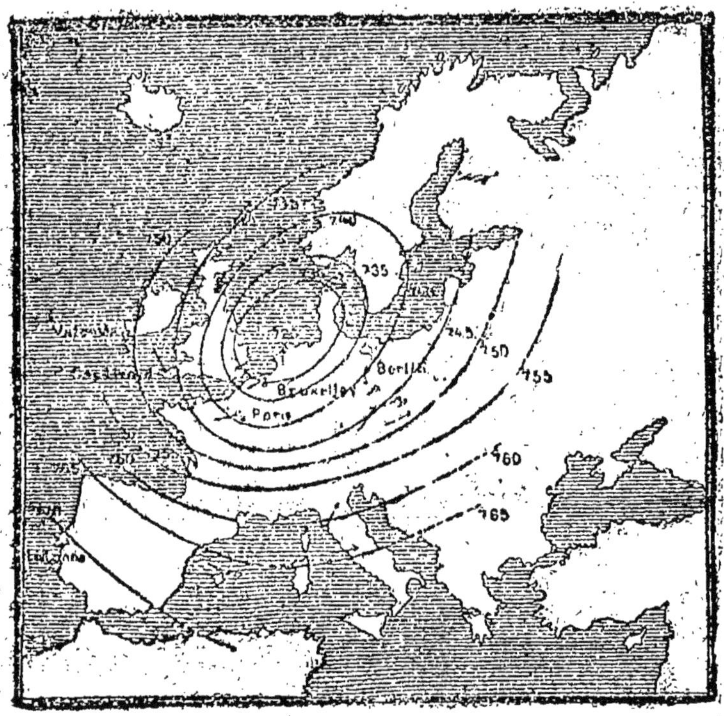

Fig. 28. — Lignes isobares

Si l'on fait passer une ligne par tous les points où la moyenne des oscillations barométriques est la même, on obtient des courbes qui sont les *lignes isobares ou iso-barométriques*.

THERMOMÈTRE

Le thermomètre est un instrument universellement connu. Celui qu'on emploie en France est le thermomètre centigrade ou Celsins. On sait que sa graduation est déterminée par la glace fondante qui indique le 0 et le point d'ébullition de l'eau qui indique 100. Il est donc divisé par centième. (Fig. 29.)

Il y a différentes graduations de thermomètres; le thermomètre Réaumur qui est divisé en 80 degrés et le thermomètre Farhenheit dont le 0 retarde sur le nôtre de 32 degrés. Ce dernier est employé en Angleterre et en Amérique.

Pour transformer les degrés Réaumur en centigrades, il suffit de les diviser par le quotient : 0,8 et inversement pour passer du centigrade au Réaumur.

Pour le Farhenheit, en retranchant 32 du nombre des degrés et en multipliant le

Fig. 29. — Thermomètre à mercure

reste par le quotient 1,8, on trouvera les de-grés centigrades et inversement en multi-

 iant les centigrades par 1,8 + 32 on ob-
 ndra la graduation Farhenheit.

Les thermomètres les plus pratiques
pour la météorologie sont les appareils dits

Fig. 30. — Thermomètre à minima

à maxima ou à minima et surtout les thermomètres enregistreurs. (Fig. 30 et 31.)

Fig. 31. — Thermomètre à maxima

Ces derniers fournissent des courbes qui
sont faciles à comparer au cours du temps.

On en tire de très précieux enseignements surtout comparativement avec un baromètre de même type.

L'instrument appelé *héliothermomètre*, connu aussi sous le nom d'*actinomètre*, a permis d'observer que sur la quantité de chaleur fournie par le Soleil 80 à 70 % en arrivent au sol, le reste est absorbé par l'atmosphère, l'on peut admettre que pendant tout le cours d'une journée sereine, la moitié seulement des rayons solaires arrive à la terre. Par conséquent, en comptant les jours couverts, il en résulte qu'un petit nombre des rayons solaires contribue à échauffer le sol. Il est vrai de dire aussi que les nuages et la vapeur d'eau s'opposent au rayonnement, et par conséquent au refroidissement de la terre.

Outre la chaleur qu'elle reçoit du soleil, la terre en a une qui lui est propre. A mesure qu'on s'enfonce dans un puits vertical, cette température va en augmentant. Les résultats obtenus jusqu'ici pour la valeur de cet accroissement sont assez divergents. On peut admettre environ un degré centigrade d'accroissement pour 30 mètres.

TEMPÉRATURE MOYENNE

Il est indispensable pour la météorologie de connaître la température moyenne d'un lieu.

Dans nos régions, la température la plus basse s'observe fin décembre et début de janvier et la plus élevée vers fin juillet.

La température moyenne est à :

Paris, de 10°8.

Toulouse, de 12°9.

Marseille, de 14°1 .

Nice, de 15°6.

Sous l'Equateur, on compte 27°.

Les tableaux suivants vont fournir de nombreuses indications à ce sujet :

Table des températures moyennes de l'année, de l'Hiver et de l'Été de soixante lieux habités du globe*

* Le signe + ou — compte pour le nombre à côté duquel il est placé et pour tous les nombres inférieurs et qui, dans la même colonne, ne sont précédés d'aucun signe.

LIEUX	LATITUDE	LONGITUDE	HAUTEUR au-dessus DE LA MER	ANNÉE	HIVER	ÉTÉ
Ile Melville............	74° 45' N.	113° 0'O.		— 17°0	— 33°3	+ 3°1
Port-Bowen............	73 14	91 15		15 7	31 7	2 4
Ile Winter............	66 12	85 30		12 5	29 0	2 0
Fort Reliance..........	62 46	111 30		10 2	29 1	5 0
Iakutzk...............	62 22	127 24 E.	115	10 0	37 4	16 2
Felsen-Bay (N. Zemble)..	70 37	59 27		9 4	16 0	2 0
Nain (Labrador)........	57 0	64 10 O.		3 6	18 5	7 6
Karasuando (Laponie)...	68 25	18 57 E.	430	2 9	17 6	12 8
Tobolsk...............	58 12	65 46	100	2 4		
Couvent du St-Bernard..	45 15	4 43	2485	1 1	8 0	5 9
Irkutzk...............	52 17	101 55	440	0 2	17 9	16 0
Cap-Nord (Mageroc).....	71 10	23 41		+ 0 1	4 6	6 4
Pétersbourg...........	59 56	27 58		2 8	8 7	16 0
Kasan.................	55 47	46 46	60	2 2	13 7	17 3
Moscou................	55 45	35 17	120	3 8	10 2	17 5
Abo...................	60 27	19 57		4 6	5 8	16 1
Fort-Brady............	46 39	24 37 O.	180	4 9	7 0	17 3
Christiania...........	59 54	8 24 E.		5 3	3 7	15 8

LIEUX	LATITUDE	LONGITUDE	HAUTEUR au-dessus DE LA MER	ANNÉE	HIVER	ÉTÉ
Upsal	59°52' N.	15 18' E.		+ 5°4	− 4°0	+ 15°8
Fort Sulliwan (Maine)	44 44	69 24 O.		5 4	5 2	15 5
Stockholm	59 20	15 43 E.	48ᵐ	5 6	3 7	16 3
Kœnigsberg	54 43	18 10		6 5	3 3	15 9
Ile Unst (Shettland)	60 45	3 21 O.		7 5	+ 4 1	11 9
Copenhague	55 41	10 14 E.		7 7	− 0 9	17 2
Berlin	52 33	11 4	32	8 1	1 0	17 2
Ausgbourg	48 21	8 34	475	8 1	1 1	16 8
Bergen	60 24	2 58		8 2	+ 2 2	14 8
Dresde	51 4	11 24	116	8 3	− 1 2	17 2
Edimbourg	55 57	5 30 O.		8 4	+ 3 5	14 1
Utica (New-York)	43 6	77 32	148	8 6	− 2 9	20 1
Tubingue	48 31	6 43 E.	327	8 7	0 0	17 0
Aberdeen	57 8	4 26 O.	16	8 7	+ 3 4	14 6
Ratisbonne	49 1	9 46 E.	337	8 6	− 1 5	17 9
Zurich	47 23	6 12	438	8 9	0 9	17 9
Hambourg	53 33	7 38		8 9	+ 0 4	19 0
Gœttingue	51 32	7 36	134	9 1	0 6	17 6
Bâle	47 34	5 15	275	9 1	− 0 2	17 6
Dublin	53 23	8 42 O.		9 6	+ 4 0	15 3
Boston	42 21	73 24		9 6	− 1 4	21 0

LIEUX	LATITUDE	LONGITUDE	HAUTEUR au-dessus DE LA MER	ANNÉE	HIVER	ÉTÉ
Genève	46°12' N.	3 48' E.	404ᵐ	+ 9°7	+ 0°9	+ 18 4
Londres	51 31	2 26 O.	52	9 8	3 2	16 7
Francfort-sur-le-Mein	50 6	6 21 E.	74	9 8	1 4	18 3
Strasbourg	48 35	5 25	148	9 9	1 3	18 1
Prague	50 5	12 5	247	10 0	— 0 4	19 9
Manheim	49 29	6 7	98	10 3	+ 1 5	19 5
Vienne	48 12	14 3	145	10 4	0 2	20 4
Bude	47 30	16 43	156	10 5	— 0 4	21 2
Paris	48 50	0 0	65	10 8	+ 3 6	18 0
Fort-Vancouver	45 36	123 45 O.		40 8	3 7	18 4
Penzance	50 11	7 43		11 2	7 0	15-8
Hobart-Town	42 53 S.	145 4 E.		11 3	5 6	17 2
Séwastopol	44 37 N.	31 11		11 7	1 6	22 4
La Rochelle	46 9	8 29 O.		11 7	4 8	19 2
Padoue	49 23	9 32 E.		12 3	1 7	23 1
Ootacamund (Inde)	11 35	74 25	2240	14 2	11 8	14 9
Trieste	45 39	11 26		14 6	5 7	23 6
Marseille	43 18	3 2		14 6	7 3	22 7
Rome	41 54	10 6		15 5	8 3	22 8
Quito	0 14 S.	81 5 O.	2908	15 6	15 6	15 6
Lisbonne	38 42 N.	11 29	70	16 3	11 4	21 6

L'altitude a une grande influence sur la température; dans un lieu moyen, on admet une différence de 1° centigrade par 159 mètres de hauteur.

INFLUENCE DES VENTS SUR LA TEMPÉRATURE

Cette influence, la plus marquée de toutes, est connue de tout le monde. La rose des vents thermométrique donne la température moyenne qui accompagne chaque vent à Paris.

Elle fait voir que le vent le plus froid est le N.-18°-E.; le plus chaud, le S.-17°-E. C'est en hiver que la différence est la plus marquée. En hiver, c'est le S.-54°-O, en été le S.-E. qui sont les plus chauds.

Ces résultats s'expliquent facilement, car c'est dans le N.-E. que sont situés les pays les plus froids, dans le S.-S.-E. les mers et les terres les plus chaudes. L'état du ciel et des circonstances locales mettent quelquefois ces lois générales en défaut. Dans d'autres pays, la rose des vents thermométrique est un peu différente. A Stockholm, c'est le vent du N.-20°-O. qui est le plus chaud. A Londres, le vent du Nord est le plus froid, celui de S.-12°-E. le plus chaud. A Pesth, en Hongrie, le vent le plus froid est celui de N.-16°-O.

TEMPÉRATURES EXTRÊMES

De nos jours, les températures les plus basses observées à Paris ont été relevées dans le terrible hiver de la guerre de 1870-1871, où l'on a vu le thermomètre descendre à 25°.

En 1879, 1880, l'année du grand hiver, comme on dit, on a observé dans les campagnes jusqu'à 27° sous zéro.

Les températures les plus hautes observées, d'autre part, ont indiqué 38°4 à Pa-

ris en 1874; en 1820, le thermomètre a atteint 40°.

Les températures les plus basses observées dans le monde ont été de — 60° à Ia-
koustk.

Les plus hautes de + 55,5 à l'ombre en
Nubie.

Les différences atteignent donc :

$$+ 55,5 \text{ à} — 60° = 115°5.$$

On peut conclure de là que l'homme
peut supporter des températures excessi-
ves comme extrêmes, surtout aux basses
température; mais à l'égard des hautes, il
ne peut résister qu'un certain temps. Dans
les pays tropicaux ou équatoriaux, le
rayonnement du milieu soit: route, mai-
sons, savane ou brousse, vient compliquer
les effets de la température et causer parfois de terribles *insolations*.

HYGROMÈTRE et PSYCHROMÈTRE

On nomme *Hygromètres* les instruments destinés à mesurer l'humidité de l'atmosphère. Il en existe un grand nombre dont

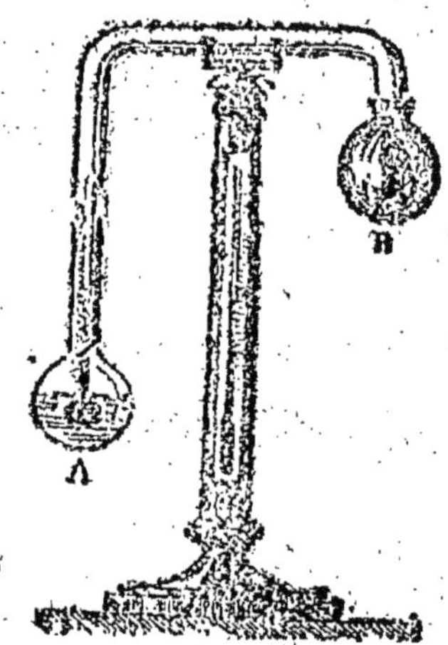

Fig. 32. — Hygromètre de Daniell

nous donnons ici quelques figures; les principaux sont ceux de Daniell, dit à condensation; puis vient celui de Saussure dans lequel un cheveu indique par ses variations de longueur les changements qui surviennent dans l'humidité de l'air. Enfin, celui de Gay-Lussac qui est un perfectionnement du précédent, permet, avec la table suivante, d'obtenir des données de réelle précision. (Fig. 33.)

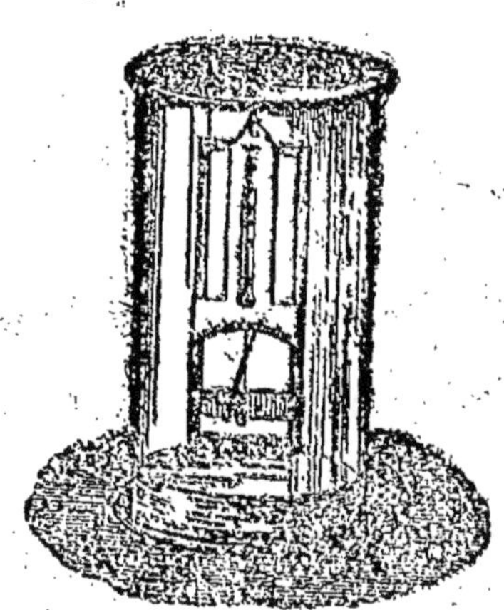

Fig. 33. — Hygromètre de Gay-Lussac

Degrés de l'hygromètre	États hygrométriques
0	0.000
10	0.046
20	0.894
30	0.148

40	....	0.208
50	....	0.278
60	....	0.363
70	....	0.472
80	....	0.712
90	....	0.791
100	....	1.000

VARIATION DIURNE DE L'ÉTAT HYGROMÉTIQUE

C'est au lever du soleil que la quantité de vapeur d'eau est la plus petite dans l'air. Ce minimum vient un peu plus tard que celui de la température; mais celle-ci étant fort basse, l'air est très humide.

A mesure que le soleil s'élève, l'air devient plus sec, quoiqu'il se charge toujours de nouvelles vapeurs; le maximum coïncide à peu près avec celui de la température. En hiver, c'est dans l'après-midi, puis lorsque le thermomètre baisse, la vapeur se condense à l'état liquide autour des corps froids.

En été, la quantité de vapeur augmente dans la matinée; mais le maximum a lieu avant midi, un peu plus tôt, un peu plus tard, suivant les mois. Puis elle diminue pendant toute l'après-midi jusqu'au moment du maximum de la température.

Elle augmente de nouveau à partir de cet instant, et atteint un second maximum vers le coucher du soleil; puis elle va en diminuant assez régulièrement jusqu'au lever du soleil.

Sur les montagnes, l'accroissement de la quantité de vapeur dans la journée et la diminution le soir sont très rapides, ainsi que M. Kæmtz l'a observé sur le Rigi (1.800 mètres) et sur le Faulhorn (2.683 mètres).

VARIATION ANNUELLE
DE LA
QUANTITÉ DE VAPEUR D'EAU

C'est en janvier que cette quantité est la plus faible, quoique l'humidité relative ne soit inférieure qu'à celle de décembre. Cette quantité va en augmentant de janvier d'abord lentement, puis plus rapidement en mai et juin. En juillet, la quantité de vapeur est aussi grande que possible, quoique, grâce à la température élevée de ce mois, l'air soit presqu'aussi sec qu'en août, où il atteint son maximum de sécheresse. Puis la quantité de vapeur va en décroissant jusqu'au mois de janvier, où il atteint son minimum.

Le tableau suivant donne une idée de cette marche. Partout où on a étudié jusqu'ici l'état hygrométrique de l'air, on a trouvé une marche analogue, même à Benarès, dans l'Inde, où Prinsep a fait une longue série d'observations.

Tension de la vapeur d'eau et humidité relative dans les différents mois

	Tension de la vapeur d'eau	Humidité relative
Janvier......	4 m/m. 509	85.0
Février......	4 749	79.9
Mars	5 107	76.4
Avril.......	6 247	71.4
Mai........	7 839	69.1
Juin........	10 843	69.7
Juillet.......	11 626	66.5
Août........	10 701	66.1
Septembre ..	9 560	72.8
Octobre.....	7 868	78.9
Novembre...	5 644	85.3
Décembre...	5 599	86.2

CONDITIONS HYGROMÉTRIQUES
DE DIFFÉRENTS POINTS
SUR LA TERRE

Après celles des températures, il n'en est point qui aient une plus grande influence sur la vie des végétaux et des animaux.

La quantité de vapeur d'eau diminue en allant de l'équateur au pôle. Sur mer, l'air est presque toujours voisin du point de saturation, c'est-à-dire qu'il suffit que la température s'abaisse de quelques degrés pour que cette vapeur passe à l'état liquide. A mesure qu'on s'avance dans les terres, la quantité de vapeur est moindre.

La sécheresse de l'air est extrême dans les steppes de la Russie, les plaines de l'Orénoque, l'intérieur de la Nouvelle-Hollande et les déserts de l'Afrique.

CONDITIONS HYGROMÉTRIQUES SUIVANT LA HAUTEUR

Il est évident *à priori*, et l'expérience prouve que la densité de la vapeur diminue à mesure qu'on s'élève dans l'atmosphère. Il s'agit donc uniquement de l'humidité relative de l'atmosphère.

On admet généralement que l'air est plus sec dans les régions supérieures. Par un temps serein, il est vrai que la sécheresse de l'air est extrême sur les hautes montagnes; la neige s'évapore sans mouiller la terre; mais lorsque ces mêmes montagnes sont entourées de nuages, l'air est sursaturé de vapeur d'eau, et en somme il est au moins aussi humide que dans les plaines. Pendant un séjour de 9 semaines sur le Rigi, l'air contenait en moyenne, 84,3 pour cent de la quantité de vapeur nécessaire pour le saturer, et à Zurich seulement 74,6. Après 11 semaines d'observations sur le Faulhorn, le rapport avec Zurich était comme 74,4 est à 74,8, c'est-à-dire aussi humide en moyenne dans la plaine que sur la montagne.

INFLUENCE DES VENTS
SUR LES
CONDITIONS HYGROMÉTRIQUES
DE L'ATMOSPHÈRE

On sait, en thèse générale, que les vents du nord et de l'est sont secs. Voici les rapports exacts de leur sécheresse relative, d'après quatre années d'observations de M. Kæmtz à Halle. Les chiffres indiquent la force élastique moyenne de la vapeur d'eau pour chacun d'eux.

Sécheresse relative des vents

Nord............	6 m/m.	60
Nord-Est......	6	56
Est............	6	90
Sud-Est........	7	31
Sud	7	82
Sud-Ouest.....	7	46
Ouest.........	7	26
Nord-Ouest....	6	90

A Paris, les vents d'ouest doivent être plus chargés d'humidité qu'en Allemagne, à cause de la proximité de la mer. Malgré la moindre quantité de vapeur que contiennent les vents du nord, ils sont néanmoins plus humides, parce que leur température est moins élevée.

En hiver, c'est le vent d'est qui est le plus humide, et le vent d'ouest qui est le plus sec. En été, c'est précisément le contraire.

Lorsque la température de l'air s'est abaissée pendant la nuit, alors qu'il ne peut plus tenir en dissolution la même quantité de vapeur d'eau que pendant le jour, et celle-ci se dépose sous forme de gouttelettes sur les plantes et les autres corps dont la température est très basse.

ROSÉE

La rosée se dépose surtout pendant les nuits calmes et sereines sur des corps isolés, et en plus grande quantité sur les uns que sur les autres. Ainsi, elle est plus abondante sur les plantes que sur la terre, sur du sable meuble que sur de la terre solide, sur du verre que sur des métaux; en un mot, sur tous les corps dont la température peut s'abaisser notablement par les rayonnements.

La rosée dépose pendant toute la nuit. Elle est très abondante dans les pays voisins de la mer, et inconnue dans les déserts de l'Asie et de l'Afrique.

Un abri quelconque qui s'oppose au rayonnement diminue aussi la quantité de rosée qui se dépose sur un objet; pour la même raison, les corps munis de petites aspérités étant ceux qui rayonnent le moins, sont aussi ceux où elle se dépose le plus abondamment.

La rosée est d'autant plus abondante, toutes choses égales d'ailleurs, que l'air est plus humide.

GELÉE BLANCHE

La gelée blanche n'est qu'une rosée congelée sur le sol dont la température est descendue au-dessous de zéro; ses effets sont souvent funestes, au printemps, aux végétaux délicats. On les préservera en les couvrant d'une toile, de paille ou de tout autre abri. Il suffit même d'allumer de grands feux. La fumée s'oppose suffisamment au rayonnement pour empêcher les plantes de geler.

La gelée blanche se forme aussi lorsqu'à la suite d'une longue série de jours très froids, un vent plus chaud élève la température de l'air presque jusqu'à zéro; alors les édifices en pierre qui ne sont point encore réchauffés, se couvrent de gelée blanche, de même que les cordages des navires qui sont ornés de festons réguliers.

BROUILLARDS

Quand la vapeur d'eau se condense et devient visible, elle prend le nom de brouillard à la surface de la terre, et de nuage lorsqu'elle est à une certaine hauteur dans l'atmosphère.

Le brouillard se compose d'une foule de petites sphérules probablement creuses, d'où le nom de *vapeur vésiculaire* que de Saussure lui a donné. Leur diamètre moyen est, d'après les observations de M. Kæmtz, de $0^{mm}000.1865$. Ce diamètre est deux fois plus grand en hiver qu'en été; c'est pendant le beau temps qu'il est le plus petit. Si l'air est plus froid que le sol, et qu'il soit en même temps chargé de vapeur d'eau, il y aura formation de brouillard. C'est dans ces circonstances qu'on voit des vapeurs s'élever au-dessus des rivières et des sources. Quand une colonne de vapeur d'eau surmonte le volcan de

Stromboli, les habitants annoncent qu'il pleuvra bientôt.

Les pays tels que Terre-Neuve et l'Angleterre, où l'air est froid et humide en automne, en hiver et au printemps, tandis que la mer est relativement chaude à cause des courants équatoriaux, sont souvent enveloppés d'épais brouillards.

La rencontre d'un vent chaud chargé de vapeur d'eau avec un vent froid, les produit aussi fréquemment.

DES VENTS

Définition. — Tant que la densité de l'air est égale partout, l'équilibre n'est point troublé et l'air ne se met point en mouvement. Mais s'il devient plus léger sur un point, il s'élève; et les couches plus denses qui se précipitent pour remplir le vide ainsi formé, donnent naissance à des *courants aériens* connus sous le nom de *vents.*

On désigne les vents suivant le point de l'horizon d'où ils viennent, et on divise l'horizon en huit parties. Nord (N.), nord-est (N.-E.), est (E.), sud-est (S.-E.), sud (S.), sud-ouest (S.-O.), ouest (O.), et nord-ouest (N.-O.) On peut subdiviser chacune de ces parties pour désigner plus rigoureusement la direction du vent. Ainsi, si le vent souffle d'un point intermédiaire entre le nord et le nord-est, on dira que le vent vient du nord-nord-est, ce qui s'écrit N.-N.-E. S'il souffle entre l'ouest et le sud-ouest, c'est un vent de l'ouest-sud-ouelst ou O.-S.-O.

Veut-on une indication encore plus précise, alors on fait usage des divisions sexagésimales du cercle. Ainsi, lorsqu'un vent part d'un point de l'horizon situé à 24° du nord vers l'ouest, on écrira N. 24 O.

Les girouettes nous indiquent la direction des courants inférieurs; les nuages, celle des vents élevés.

Vitesse du vent. — Notre expérience

journalière nous apprend qu'elle **varie** beaucoup. Il y a tous les degrés intermédiaires entre un doux zéphyr et un ouragan.

Il est difficile de la mesurer exactement; ordinairement, c'est au moyen de la pression contre un ressort, soit en comptant le nombre de révolutions des ailes d'un petit moulin dans un temps donné. Ces instruments se nomment des *anémomètres.*

Voici les différents degrés de vitesse des vents qu'on distingue en marine, et le nombre de milles marins (1.850 m.) qu'ils parcourent en une heure :

Vitesse du vent

Nom du vent suivant sa force	Milles parcourus en une heure
Petite brise..................	4.5
Jolie brise..................	8.0
Brise fraîche	16.0
Grand frais..................	36.0
Coup de vent	62.0
Tempête..................	88.0
Ouragan..................	120.0

La tempête du 29 novembre 1836, une
des plus violentes dont on ait gardé le sou-
venir, était à Londres à dix heures du matin, à la Haye à une heure, à Emdem à
quatre heures, à Hambourg à six heures,
et à Stettin à neuf heures et demie du soir.
Elle parcourait environ 36 mètres par seconde. Un ouragan a parcouru 3.000 milles en six jours; un autre 2.300 dans le
même espace de temps. La direction dans
laquelle un ouragan souffle n'est souvent
pas la même que celle dans laquelle il se
meut. L'ouragan de 1811, qui désola les
Etats-Unis, avançait du sud au nord, et le
vent soufflait du nord.

Les météorologistes ont admis, pour la
force du vent, quatre degrés, qu'ils dési-
gnent par les chiffres 1, 2, 3, 4, suivant que
le vent agite seulement les feuilles des arbres, qu'il courbe les petites branches,
qu'il fait fléchir les grosses branches, et
enfin qu'il les brise et déracine les arbres.
La vitesse des courants élevés peut s'esti-

mer par la rapidité avec laquelle l'ombre d'un nuage court sur le sol.

Le même vent ne règne pas dans toute la hauteur de l'atmosphère. Ainsi, on a vu les nuages rester immobiles ou suivre une direction contraire à celle du vent qui régnait à la surface de la terre.

DIRECTION MOYENNE DES VENTS

Pour l'obtenir, on compare le rapport des vents d'est (N.-E., S.-E.) aux vents d'ouest (N.-O., O., S.-O.), et celui des vents du sud (S.-O., S., S.-E.) aux vents du nord (N.-O., N., N.-O.). On a trouvé, de cette manière, pour nos contrées, les rapports suivants:

Fréquence relative des vents en Europe

	Rapport des vents O. aux vents E.	Rapport des vents S. aux vents N.
Angleterre	1.77	1.33
France et Pays-Bas..	1.52	1.33

Sud de l'Allemagne. 1.69   **1.18**
Nord de l'Allemagne 1.69   1.32
Danemark 1.54   1.31
Suède............. 1.61   1.44
Russie et Pologne... 1.66   0.97

Quant aux saisons, on a trouvé pour l'Europe les résultats suivants : 1° en hi-

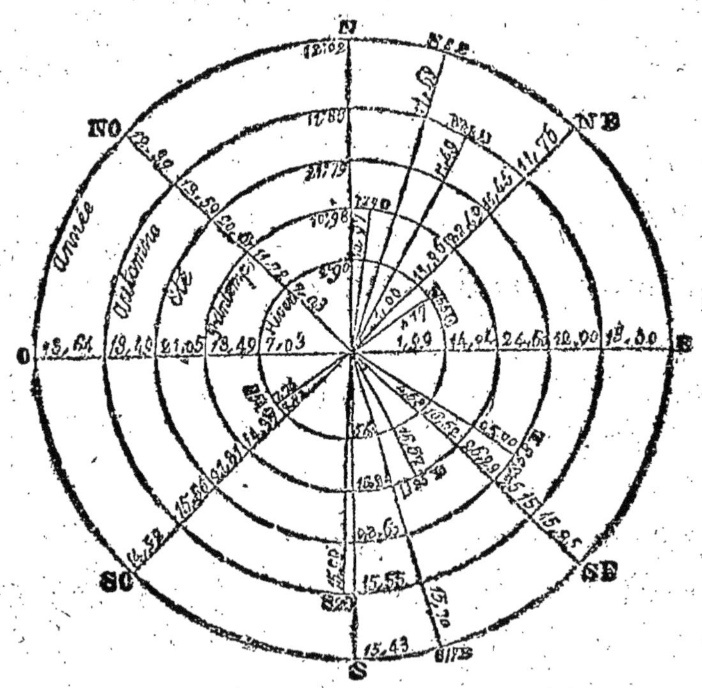

Fig. 34. — Rose des vents thermométrique

ver, la direction du vent est plus méridio-
nale que dans les autres saisons; 2° les
vents d'est se font sentir en mars et en
avril; 3° en été, les vents soufflent principalement de l'ouest et tournent souvent au
nord; 4° en automne, les vents du sud deviennent dominants, surtout en octobre.
(Fig. 34.)

LES NUAGES

Un nuage est un brouillard élevé. Ceux
qu'on observe si souvent autour des montagnes sont formés par la collision de deux
vents opposés qui se rencontrent au som-
met. Ceux qui se forment au-dessus des
plaines sont dus à la même cause ou à la
condensation des vapeurs lorsqu'elles atteignent les régions élevées et froides de
l'atmosphère.

On a établi les distinctions suivantes
parmi les nuages, suivant leur forme.

Le *stratus* est une couche de nuages limitée par deux plans horizontaux. On les observe souvent au coucher du soleil et près de l'horizon.

Les *cumulus* sont ces gros nuages d'été toujours plus ou moins arrondis, simu-

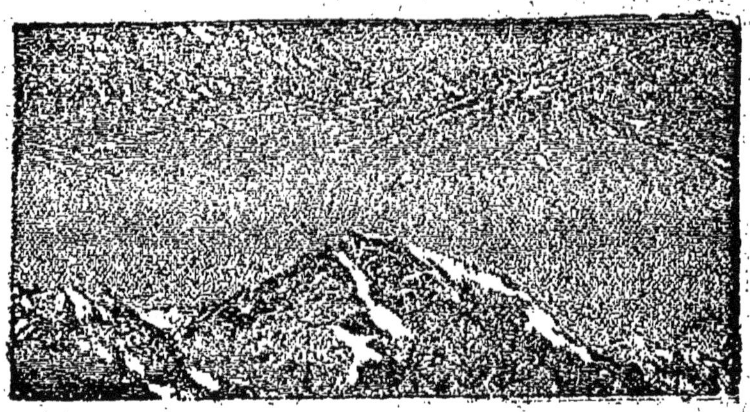

Fig. 35. — Cirrus

lant des montagnes, et que les marins nomment *balles de coton*.

Les *cirrus* (*queue de chat* des matelots) se composent de filaments ténus, et ressemblent à des plumes légères semées sur la voûte du ciel.

En combinant ces trois noms deux à deux, on peut exprimer tous les états intermédiaires. On appellera *cirrho-cumulus* ces petits nuages arrondis qui occupent souvent le zénith; apparence qu'on désigne dans quelques pays sous le nom de *ciel moutonné*. (Fig. 35 et 36.)

Fig. 36. — Cumulus

LA PLUIE

Pluie. Serein. — Quand, à la suite d'un refroidissement survenu dans une certaine région de l'atmosphère, les vapeurs se li-

quéfient, alors elles se résolvent en gouttelettes de pluie qui tombent par leur propre poids. D'abord fort petites, ces gouttelettes augmentent de volume en route, soit
par la condensation de nouvelles quantités
de vapeur à leur surface, soit par la réu-
nion d'autres gouttelettes pareilles. Elles
nous arrivent donc, en général, d'autant
plus grosses qu'elles viennent de plus
haut. En été, surtout dans les vallées profondes et humides, il tombe quelquefois,
un peu après le coucher du soleil et sans
qu'il y ait de nuages au ciel, une petite
pluie extrêmement fine qu'on appelle *serein*. Cette pluie résulte de la condensation
que la disparition du soleil provoque dans
l'air de la vallée chargé d'humidité. Il ne
manque à cette poussière liquide que de
tomber d'une plus grande hauteur, à tra-
vers de l'air humide, pour devenir des
gouttes de pluie.

LA NEIGE

La neige doit, comme la pluie, son origine aux vapeurs atmosphériques. Lorsque le refroidissement de l'atmosphère est assez vif, les vapeurs se congèlent et se groupent en cristaux de neige, très réguliers par un temps calme, mais défor-

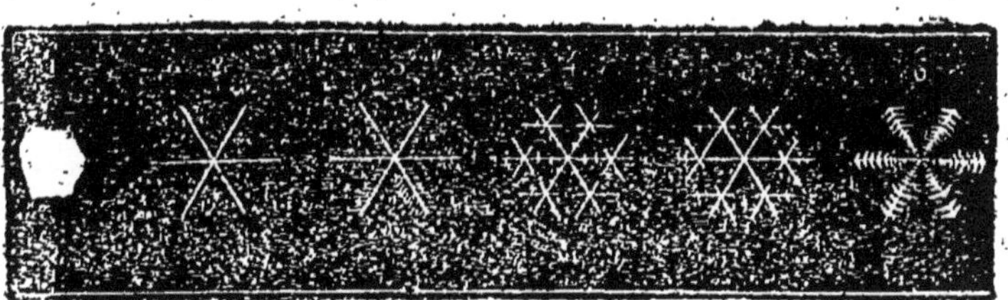

Fig. 37. — Flocons de neige

més, brisés par leur choc mutuel quand souffle un vent trop fort. Ces cristaux, à formes très variées et d'une véritable élégance, sont dérivés de l'hexagone. La figure suivante reproduit les différentes formes de la neige. (Fig. 37.)

PLUVIOMÈTRE

La quantité de pluie, de neige en un mot d'eau qui tombe, est indiquée par un instrument appelé Pluviomètre.

QUANTITÉ DE PLUIE MOYENNE

Divisant la France en deux parties égales : le Nord et le Midi, il tombe moyennement la quantité d'eau suivante :

	Midi	Nord
Hiver	23.4	10.5 m/m.
Printemps	18.3	23
Eté	25.1	29.4
Automne	33	28

Quand on prend les moyennes relevées depuis au moins un siècle, on constate que les quantités de pluies annuelles sont presque constantes. Elles ne sont que différées dans leur répartition.

Dans une année, le nombre de jours de pluies, moyen est de : 140.

Le nombre de jours de neige de : 12.

ORAGES, BOURRASQUES CYCLONES

Les mouvements tournants, qui constituent ce qu'on désigne sous le nom de *bourrasques*, ou de *dépressions*, sont semblables à ceux des cyclones, mais leur étendue est bien plus grande; en revanche, leur vitesse de translation, déterminée par la comparaison des cartes dressées pour plusieurs jours consécutifs, est beaucoup moindre.

On peut dire que le régime météorologique ordinaire de l'Europe occidentale consiste dans le passage d'une série à peu près continue de dépressions, venant de l'Océan Atlantique, se déplaçant avec une vitesse plus ou moins grande, se déformant plus ou moins en chemin, mais se dirigeant généralement *vers l'est*. Cette loi générale est un des éléments qui ont rendu possible la *prévision du temps*, au moins à courte échéance.

Fig. 38. — Ouragan

Les dépressions sont ou la cause ou le véhicule des orages qui se sont formés en avant. Au moment où, amené dans une zône de température plus basse, le nuage orageux se condense ou *crève,* il se produit des phénomènes électriques violents, c'est le *Tonnerre* accompagné de l'*éclair* précurseur, c'est-à-dire la formidable étincelle de la décharge.

Les hautes montagnes arrêtent la marche des orages qui s'y arrêtent et y éclatent. Souvent aussi, elles changent leur direction.

La plupart des orages nous sont amenés par des vents de S.-O. De là, la baisse extraordinaire du baromètre. Souvent, ils résultent du combat des vents d'est contre les vents d'ouest. C'est surtout le cas en hiver.

Les éclairs sans tonnerre connus sous le nom d'éclair de chaleur, et qu'on observe souvent à l'horizon dans les beaux jours de l'été, ne sont que le reflet des éclairs d'orages éloignés qui sont situés au-dessous de notre horizon. On s'en est assuré positivement.

RÉPARTITION DES ORAGES

Si nous désignons par 100 le nombre total des orages dans l'année, nous aurons la distribution suivante dans les différentes contrées de l'Europe.

	Hiver	Printemps	Eté	Automne
Europe occidentale	8.9	17.7	52.5	29.9
Suisse.............	0.4	20.6	69.0	10.0
Allemagne........	1.4	24.4	66.0	8.2
Europe centrale...	0	15.7	79.3	5.0

GRÉSIL ET GRÊLE

Les orages sont souvent accompagnés de la chute de petites masses de glace connues sous le nom de *grêle*. Lorsque ces masses ne dépassent pas la grosseur d'un petit pois, on les nomme *grésil*, mais le grésil et la grêle sont une seule et même chose. Le grésil des hautes régions se mé-

tamorphose en grêlons à mesure qu'il tombe dans des régions inférieures de l'atmosphère. Parfois, les grêlons ont la forme de
secteurs sphériques à trois côtes, d'après
les observations de MM. Delcros et Noeg-
gerath.

Ils ont souvent un poids considérable.
Les observations de grêlons pesant 100 et
200 grammes ne sont pas rares. On admet-
tra avec plus de réserve celles où l'on pré-
tend qu'ils pesaient un et même deux ki-
logrammes, à moins de supposer que ces
masses étaient formées de grêlons qui se
sont fondus partiellement, et ensuite réunis après avoir touché le sol.

C'est au moment de la plus grande chaleur diurne que la grêle tombe en général;
il grêle rarement pendant la nuit. Le grésil
est d'autant plus commun qu'on se rap-
proche plus des côtes de l'Océan; la grêle,
au contraire, devient plus fréquente à l'intérieur du continent.

C'est au printemps et en hiver que le

grésil tombe en France et en Angleterre,
tandis que la grêle se montre pendant l'été
en Allemagne et en Russie.

La grêle tombe plus communément dans
les plaines que sur les montagnes où les
plateaux; certaines localités voisines de
sommets élevés sont privilégiées à cet
égard, d'autres presque régulièrement ra-
vagées tous les ans. En effet, souvent la
pluie ne se transforme en grêle que dans
les régions inférieures, et d'autres fois elle
fond avant d'arriver dans les vallées.

TROMBES

Elles se montrent sur terre et sur mer,
mais toujours dans le voisinage des terres, et se composent d'une colonne d'eau
qui unit un nuage avec la mer ou les eaux
d'un lac. Les uns les considèrent comme
formées par des tourbillons de vent; les
autres, et la théorie semble plus exacte, les

font dériver de la rencontre des courants contraires qui sont *centrifuges et centripètes*. Les premiers qui coïncident avec des périodes de temps normal se choqueraient aux seconds provoqués par une dépression. Leur choc violent causerait les phénomènes dont on connaît la puissance.

LA PRÉVISION DU TEMPS

PRÉVISION DU TEMPS

Les observations qui depuis deux siècles environ résultent des comparaisons, ont permis d'établir l'emploi raisonné et judicieux du baromètre et du thermomètre.

On a pu ainsi déterminer les lignes isobares dont nous avons parlé. On a aussi déterminé les lignes isothermes qui sont à la température ce que les premiers sont à la pression atmosphérique.

On en a tiré les conclusions qui suivent.

Toute perturbation un peu profonde dans l'état atmosphérique amène un changement de temps, pluvieux ou sec, calme ou tempétueux. Or, ces perturbations influent sur le baromètre en modifiant la pression qu'il supporte. Le baromètre, par

ces changements de niveau, nous avertit
donc des troubles qui surviennent dans les
hauteurs de l'atmosphère, et nous permet
ainsi des prévisions plus ou moins pro-
bables sur le temps qu'il va faire. Une longue expérience a appris que, dans nos régions occidentales de l'Europe, le baromètre est haut par un temps sec, et bas par
un temps pluvieux. Le temps doit se mettre
à la pluie si le baromètre descend graduel-
lement. Un abaissement brusque et considérable de la colonne mercurielle est un
signe de tempête, même alors que rien ne
l'annonce dans l'air. En moyenne, la hauteur à laquelle se tient le baromètre, pour
les différents états atmosphériques sous le
climat de Paris, est celle-ci :

Très sec......................	785 m/m.
Beau fixe....................	766
Beau........................	762
Variable....................	758
Pluie ou vent	749
Grande pluie...............	740
Tempête	731

Les pronostics du temps tirés des indications barométriques ne sont que des probabilités. Le baromètre ne fait connaître d'une manière positive qu'une chose : la pression de l'atmosphère au moment de l'observation. A un trouble dans cette pression peut correspondre, sans doute, un changement de temps ; mais compter sur ce changement, ce serait aller trop loin. Il est seulement probable. Les prévisions basées sur le baromètre peuvent donc être fautives. Elles ont pour elles d'autant plus de probabilités, que les variations du baromètre sont plus brusques et plus considérables. Si le baromètre baisse beaucoup en peu de temps, c'est un présage à peu près certain de tempête.

DÉTERMINATION DU CENTRE DE DÉPRESSION POUR ANNONCER UNE TEMPÊTE

Par l'annonce d'une dépression sur les isobares, on peut rapporter les probabilités au tableau suivant :

Sur 100 dépressions

Viennent du nord (arctique) de l'Amérique.....   12
   »   de l'Amérique du Nord et Canada....   47
   »   des régions tropicales   5
   »   de l'Océan   3
   »   des segmentations des dépressions sur l'Océan...................   33

INFLUENCE DE LA LUNE

Sur 1.000 jours de pluie on a constaté qu'il y en avait :

Premier jour de la nouvelle lune......   306
Premier jour du premier quartier.....   325
Le jour de la pleine lune...........   337
Premier jour du dernier quartier.....   284

On raconte que le maréchal Bugeaud

subordonnait ses expéditions aux lunaisons. Par ses observations personnelles, il avait établi ces données qui, en réalité, sont curieusement exactes en moyenne :

« Onze fois sur douze, le temps se comporte pendant la durée de la Lune comme il s'est comporté au 5⁰ jour, si le 6⁰ n'a pas amené de variations et 9 fois sur 12 comme le 4⁰ jour si le 6⁰ lui ressemble. »

INFLUENCES DIVERSES

Fig. 39. — La lumière zodiacale, c'est ce magnifique cône lumineux et transparent aux couleurs d'or et de pourpre qu'on aperçoit dans les soirs clairs

La croyance, un moment répandue, de l'action des taches solaires sur le temps est aujourd'hui abandonnée de même que celle des comètes. Arago en a donné une démonstration éclatante. L'inclinaison de l'axe de la terre, de même que la lumière zodiacale sont aussi sans effet. (Fig. 39.)

INDICATIONS MODERNES

Les indications fournies par l'état du ciel sont assez souvent justes :

Ciel rosé, beau temps.

Ciel pâle, indice de pluie.

Ciel rouge, indice de pluie.

Ciel bleu foncé, vent.

Ciel jaune ou rougeâtre, vent le soir.

D'autres indications viennent :

De la rosée, beau temps.

Des oiseaux volent haut, beau temps.

Des oiseaux volent vers le large en mer, beau temps.

De la vision qui s'étend au loin, pluie.

L'éclat inusité des étoiles, vent.

Si à cela on ajoute la direction et la forme des nuages et si l'on consulte le baromètre, on aura d'utiles enseignements.

Les saisons permettent de prévoir le temps à plus longue échéance :

En 41 ans d'observation, on a trouvé :

Printemps.....	6 humides	22 secs	13 variables		
Etés	20 »	16 »	5 »		
Automnes.....	11 »	11 »	19 »		

PRÉJUGÉS

Les probabilités d'avoir du beau temps sont à Paris :

Avril.....................	43.3 0/0
Mai	44.2
Juin	46.3
Juillet...................	47.7

Août.................... 44.3 0/0
Septembre 48.2

Les statistiques ont démontré avec l'aide de la science que la Lune qui va d'avril à mai qu'on appelle *Lune Rousse* ne contribuait pour rien au rayonnement qui se produit à cette époque.

De même, on a constaté que St-Médard ne présentait pas les moyennes de pluies qui l'ont rendu célèbre.

D'autre part, une statistique établie depuis 1802 détruit la légende des *Saints de glace en même temps* que celle de l'*Eté de la St-Martin.*

De toutes ces croyances dont on ne saurait contester ni le charme ni la poésie, ce qui apparaît sous des apparences plus réelles ce sont les proverbes ou dictons. Parmi ceux-ci, celui qui suit sera le mot de la fin de cet opuscule :

Printemps sec, été pluvieux.
Hiver doux, printemps sec.

Hiver dur, printemps pluvieux.
Eté sec, hiver rigoureux.
Eté orageux, hiver pluvieux.
Bel automne, printemps pluvieux.
Eté humide, automne serein.

FIN

TABLE

MANUEL D'ASTRONOMIE

MANUEL DE MÉTÉOROLOGIE

LA PRÉVISION DES TEMPS

FIN DE LA TABLE

EXTRAIT DU CATALOGUE

Chez tous les libraires : 0 fr. 20 — Franco-poste : 0 fr. 25

EXTRAIT DU CATALOGUE

ŒUVRES DE FENIMORE COOPER

J.-B. WYSS

PAUL DE SÉMANT

Aventures de Dache :

THÉODORE CAHU

Chez tous les libraires : 0 fr. 20 — Franco-poste : 0 fr. 25

EXTRAIT DU CATALOGUE

ROMANS DIVERS

Chez tous les libraires : 0 fr. 20 — Franco-poste : 0 fr. 25

EXTRAIT DU CATALOGUE

ŒUVRES COMIQUES

René Blond. — *La vie de caserne en rose :*

408	Le Soldat Boustif	1 v.
409	Le Caporal Boustif	1 v.
410	Le Sergent Boustif	1 v.
416	Paul de Sémant. — Le Sergent Blache	1 v.
417	— Les Farces du P'tit Frick	1 v.
418	— Ce Sacré Poilut	1 v.
419	— Ce Sacré Foissotte	1 v.
420	Paul Féval fils. — Un Notaire embêté	1 v.
421	Théodore Cahu. — Le Régiment des hommes à poil	1 v.
422	— Nos farces au Régiment	1 v.
423	— L'Amour, il n'y a que ça	1 v.
424	Ch. Bérard. — Pour rire à deux	1 v.
426 427	Pigault-Lebrun. — Monsieur Botte	2 v.
428 429	— L'homme à la pièce curieuse	2 v.
432	Joseph Montet. — La Vie fantasque	1 v.
433	D. Chéri. — La vertu du Mari	1 v.
434	— La vertu de Madame	1 v.
435	Ch. Bérard. — Les 6 femmes de M. Pingouin	1 v.
436	Jean Soleil. — La Bicycliste récalcitrante	1 v.
437	Max de Jersey. — Tertrouille au 41ᵉ d'Artillerie	1 v.
438	— Tertrouille ordonnance	1 v.

ROMANS D'AVENTURES

Vincent Huet. — *Au Pays Arabe :*

501	Le Disparu	1 v.
502	Les Cavernes des Hall-el-Oued	1 v.
503 504	G. Guitton-Le Rouge. — La Conspiration des Milliardaires	2 v.
505 506	— A coups de milliards	2 v
507 508	— Le Régiment des hypnotiseurs	2 v.
509 510	— La Revanche du Vieux-Monde	2 v.
511 512	Capitaine Marryat. — Le Vaisseau Fantôme	2 v.
513 514	— Le Spectre de l'Océan	2 v.

Chez tous les libraires : 0 fr. 20 — Franco-poste : 0 fr. 25

EXTRAIT DU CATALOGUE

MANUELS UTILES

701 702 **M. Decrespe.** — *Électricité*, applications
domestiques et industrielles............ 2 v.

703 **H. de Graffigny.** — Le jeune Électricien amateur 1 v.

704 **L. Tranchant.** — Manuel du Photogr. amateur.. 1 v.

705 **H. de Graffigny.** — Manuel du Cycliste........ 1 v.

706 **Audran.** — Traité de danse. — Cotillon........ 1 v.

707 — Traité de politesse. — Les Usages et
le Savoir-vivre.............. 1 v.

708 **M. Decrespe.** — Le petit Cycliste amateur...... 1 v.

709 **Pierre Deloche.** — Traité de pêche à la ligne... 1 v.

710 **Madame X...** — Cuisinière des petits ménages.. 1 v.

711 **E. Ducret.** — Pâtissière des petits ménages.... 1 v.

712 — Boissons et Liqueurs économiques
des petits ménages............ 1 v.

713 — Recettes économiques des petits
ménages............. 1 v.

714 **L. Tranchant.** — Le petit Jardinier amateur... 1 v.

715 **A. Ducos du Hauron.** — Photographie des couleurs 1 v.

716 **E. Ducret.** — Le Secrétaire enfantin........... 1 v.

717 — Le Secrétaire des Cœurs aimants.. 1 v.

718 — Le Secrétaire pour tous........... 1 v.

719 **G. Albert.** — Manuel du Pâtissier-Biscuitier... 1 v.

720 **E. Ducret.** — Manuel complet de Cuisine....... 1 v.

721 **J. Quillon.** — Manuel de Gymnastique......... 1 v.

722 **H. de Graffigny.** — Manuel pratique du Conduc-
teur d'Automobiles............ 1 v.

723 **Ch. Lafont.** — Le Livre d'or des Ménages...... 1 v.

Chez tous les libraires : 0 fr. 20 — Franco-poste : 0 fr. 25